Selma H. Fraiberg

塞尔玛·弗雷伯格

儿童教育新时代的开启者

杰出的女性社会工作者

真正读懂了0~6岁孩子的心理学家

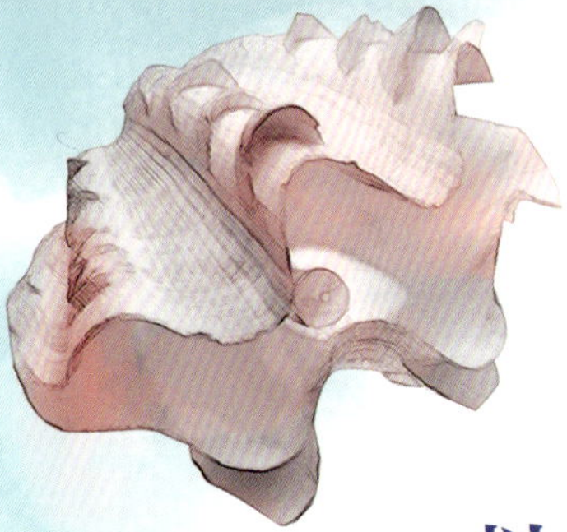

以《魔法岁月》蜚声国际

1918 年 3 月，塞尔玛 · 弗雷伯格出生于美国底特律市，她的父母一共育有三个孩子，她是家里的老大。尽管塞尔玛有些害羞，但她非常聪慧，并且十分活泼。她和她的外婆关系非常好，外婆是个很有主见的前妇女政权论者（former suffragist），塞尔玛深受外婆的影响。

1940 年，塞尔玛从美国韦恩州立大学获得本科学位，1945 年获得理学硕士学位。在攻读硕士学位期间认识了她后来的丈夫路易斯 · 弗雷伯格。1956 年，塞尔玛领养了一名叫丽莎的女婴，在陪伴丽莎的忙碌之余，她完成了人生最重要的著作《魔法岁月》。

本书最初发表于 1959 年，无论是精神分析专业的读者还是非专业的读者都对这本

书赞不绝口，称这本书为关于 0~6 岁儿童发展的书籍中最好的一本。本书还被译成丹麦语、希伯来语、瑞典语、法语、挪威语、葡萄牙语、意大利语、德语、西班牙语和日语出版，在英国、加拿大和美国被多次重印，获得当年美国儿童发展研究协会的年度图书大奖。

1979 年，塞尔玛来到密歇根大学医学院继续她的研究和临床治疗，并为患有情绪障碍的儿童创立了儿童发展项目。同时，她也是美国加州大学附属旧金山总医院的亲子项目负责人。1981 年，由于在婴幼儿精神健康领域的杰出地位和所做出的贡献，她被授予多莉 · 麦迪逊奖。

1981 年 12 月，塞尔玛因脑瘤病逝，享年 63 岁。

研究婴幼儿心理健康的先驱者

作为精神分析学家，塞尔玛是研究婴幼儿心理健康的先驱者。凭借她的聪慧、执着、果断、独创性和奉献精神，她也成了以男性为主导的医学领域中杰出的女性社会工作者。

她的一生都致力于研究婴幼儿的发展，她用她的研究成果阐明了母亲与孩子之间保持紧密联结的重要性，并积极帮助那些受到忽视或虐待的孩子茁壮成长。她开创了很多促进婴幼儿心理健康的研究项目，并通过语言幽默轻松的文章和书籍将研究成果传达给父母和政策制定者。

她是美国儿童发展研究协会、美国儿童精神分析协会和美国精神分析协会的会员。自 1975 年以来，她就是美国国家心理健康研究所国家临床婴儿计划咨询委员会的成员。她的研究成功地获得了来自美国国家儿童健康与发展研究所、美国教育办公室、美国国家心理健康研究所和私人基金会联盟的大力支持。

她积极倡导婴幼儿有满足自我发展的需要和权利的理念，即使是站在她对立面的人，也高度赞扬她对自己信念的执着精神。她用自己的努力和成果扩大了人们对儿童和青少年的认识，全世界无数孩子都因为她的研究成果而受益，她的过早辞世也是学术界的一大损失。

湛庐CHEERS

与最聪明的人共同进化

HERE COMES EVERYBODY

THE MAGIC YEARS

UNDERSTANDING AND HANDLING THE PROBLEMS OF EARLY CHILDHOOD

魔法岁月

0~6岁孩子的精神世界

[美]塞尔玛·弗雷伯格 著
Selma H. Fraiberg
江兰 译

浙江科学技术出版社·杭州

测一测

你了解0～6岁孩子的精神世界吗？

扫码加入书架
领取阅读激励

扫码获取全部
测试题及答案，
一起洞察幼儿的
“魔法世界”

- 在养育孩子的过程中，不应干预孩子的快乐。这是对的吗？（ ）

  A. 对

  B. 错

- 孩子道德感开始形成的年龄是（ ）

  A. 2～3岁

  B. 5～6岁

  C. 9～10岁

  D. 10～18岁

- 5岁的孩子经常在家人吃饭时捣乱，以下父亲的哪种惩罚方式更有效？（ ）

  A. 把孩子原地揍一顿

  B. 把孩子关在自己屋里不许他吃饭

  C. 对孩子说：“如果你不能和大家在一起好好吃饭，今晚就不让你和我们一起吃。”

  D. 给孩子看他喜欢的动画片让他平静下来

扫描左侧二维码查看本书更多测试题

父母们，请控制你们的保护欲

美国儿童发展研究协会前会长
贝里・布雷泽尔顿（T. Berry Brazelton）

这本书尽管问世已超过半个世纪，依然十分畅销，这相当难得。多年前，当我第一次读这本书时，就为之惊叹不已。如今，我再一次打开它，仍然觉得内容是如此精彩！这不仅仅是因为塞尔玛是一位出色的作家，还因为她所写的内容富有价值且见解深刻。童年早期时光通过她的描述，变得鲜活和神奇。她引领我们进入孩子的世界中，那是我们所有人记忆开始的地方。她带着我们去了解她眼中的孩子们，一起聆听孩子们最为隐秘的想法和梦境，一起感受他们的恐惧，理解他们为什么要用谎言来掩盖自己所犯的错误，我们也会明白为什么需要检查衣柜，去寻找小女孩的女巫。

我有幸在塞尔玛形成她的育儿理论之初就认识了她。我们因为是同行而相识，她讲的故事非常有感染力。后来，她当了外婆，带着女儿和外孙女来见我。我们三个成年人——母亲、外婆和儿科医生，一起看着这个可爱的宝宝慢慢成长。每一刻都那么有意义，宝宝的每一个反应都让我们为之欣喜。在孩子出生后的第二年，她迈出的每一步，都是通往那个我们早已遗忘的童年世界的窗口，我们可以通过观察这个小家伙的成长再次回到童年。我们每个人都为她着迷，就好像我们是第一次为人父母。能与塞尔玛交流见解和发现，有机会看到她以外婆的身份对孩子进行观察，这是多么难得的经历！我们经常用自己过去的经验，来解释我们孩子的成长。这就是塞尔玛所说的“育婴室里的幽灵”。这些幽灵告诉我们是什么导致了孩子的行为，并且可能给孩子行为的本意增添一层神秘的色彩。

假如我们对孩子的认识是错误的，或者过于武断，甚至压制了孩子自己去理解他们刚刚在成长中取得的进步，那么，我们如何能客观、敏锐地意识到孩子学习独立的过程很重要呢？孩子又如何能在消化和适应每个成长新阶段时，意识到自己可以独立做决定呢？这本书能帮助我们理解孩子的需要，把热心的父母往回拉了一步，让我们重新考虑自己的角色——我们是孩子的保护人，但不应该提供过度的保护。

比如，塞尔玛记录过一个4岁的孩子，他需要用恐惧来平衡自己不断增长的攻击情绪。这些恐惧是他在成长过程中用来适应新环境的重要因素，他渐渐意识到：(1)自己拥有了新的力量，这种力量会对他的世界造成影响；(2)为了认识这种力量，他产生了主宰自己世界的冲动；(3)调整自己去控制这种新力量，以便在需要的时候能感受和使用这种力量。掌握了这些了不起的控制新力量的机制，他就有能力拥有最为重要的特性：自我意识，以及能战胜绝大多数困境的适应能力。

作为父母，在孩子迈出人生的每一步时，我们都想给他提供支持。然而我们的支持很可能过于超前或对他保护过度，而且我们必然会不断犯错。因此在很大程度上，我们都是从自己的错误中学会如何做父母的。很少有人能意识到，我们的成功举措被视为理所当然，我们的错误却被孩子和我们自己放大了，而孩子的“异常”行为一再地让我们筋疲力尽。我们每个人每天都觉得自己是个失败者，但塞尔玛的精彩描述，还有她充满睿智的建议给了我们勇气，让我们认识到自己“还没有完蛋”。孩子的心理弹性和摆脱这些“创伤性”错误的能力，以及他们利用神奇的梦境修复自己世界的能力，给了所有父母新的希望。孩子是有适应能力的，那我们呢？

塞尔玛让我们看到，从孩子是婴儿起就建立起亲子依恋的力量，还有它所带来的快乐。这是孩子健康成长的第一块基石，也是最重要的一块基石。接着，塞尔玛将婴儿出生后的每一步成长在书中逐渐展开。比如，10个月的婴儿研究一把椅子的方式是：在他敢扶着椅子站起来之前，他要在心里把这把椅子拆开再组装起来。塞尔玛的观察是一件礼物，让我们能跟随孩子心智的发展，推测他们行为背后的动机。理解了孩子的行为及其思考方式，在喂养和进行如厕训练时，我们就更容易成为他的“搭档”；在管教他时，更容易做到教导他而不是惩罚他。我们可以像孩子那样思考，不再仅仅是自上而下的灌输。“我怎么说你就要怎么做”会变成“让我们分享彼此的观点”。我们还可以进入孩子的世界，并且跟他商量着说：“接下来要完成什么任务呢？”

塞尔玛的这本著作，给了我们独一无二的机会去理解孩子充满想象力的世界。相信读过这本书的父母都能从中感到自己再次充分了解了孩子，而且重温了自己的童年。这多么神奇！

洞察“魔法师”的精神生活

“魔法岁月”指的是童年早期阶段。我用“魔法”这个词，并非说孩子生活在一个魔法世界里，在那里，所有他最深切的渴望都能得到满足。说童年是天堂，是一段天真无邪、安宁快乐的时光，那也只是成年人的想象。颇具讽刺意味的是，成年人对这段黄金岁月的记忆只不过是一种错觉，因为谁也不记得当年的情形。在被尘封的记忆里，有许多屈指可数、模糊不清又失真的画面，我们甚至常常难以得知为何自己会记住它们。童年的第一个阶段大约是出生后的头5年，它就像一座被掩埋的城市那样消失了。当我们与孩子们一起重返这段时光时，我们就像陌生人，难以找到自己当年走过的路。

之所以说童年早期是魔法岁月，是因为从心理学的角度来看，孩子在幼年时很像一位魔法师。最初，孩子认为这个世界是一个充满了魔法的世界，他相信自己的行动和想法能导致事情的发生。之后，他会扩展他的魔法体系，发现人的行为能作用于自然，他会把人或超人看成是引发自然现象或者影响自己日常生活的原因。在最初的这几年，孩子渐渐能够摆脱原始思维的干扰，通过自己的观察形成对客观世界的认识。

但是，魔法世界变幻莫测，有时还令人毛骨悚然。当孩子摸索着走向理性和客观时，他必须与自己想象中的危险生物，以及真实的外部世界中的危险进行搏斗。于是，我们时不时会发现孩子出现令人费解的恐惧或让人困惑的行为。这些年幼的孩子呈现出来的很多问题，其原因其实很简单：**他的原始心理系统还没有被理性思维征服和取代。**

本书内容是关于 0 ～ 6 岁孩子的人格发展，其中描述和讨论了孩子在每个发展阶段会出现的一些典型问题。书中所列举的事例，主要来自近几年许多普通孩子的父母向我提出的问题。但是，正如每个父母都知道的，三言两语很难回答孩子给我们出的谜题，即便是学龄前的孩子也是如此。养儿育女这件事，没有家庭小窍门、使用指南或者万能处方，靠的是理解和思考，甚至常常是那个与孩子关系亲密的家长的直觉在关键时刻起了作用。然而，在学龄前儿童所呈现的问题面前，有时成年人的直觉和想象也完全没用，因为我们早已忘记自己的幼年生活，因而很难进入幼儿的内心世界。

在我看来，一本关于这个领域的书如果想要真正贴合实际，只描述典型问题并提出解决办法是不够的，还必须剖析孩子的精神生活，并且从儿童发展规律和社会文化习惯中，总结出养育孩子的原则。因此，我会分阶段探讨孩子可能出现的问题及其解决办法。我认为，把童年早期分成三个发展阶段是恰当的：第一个阶段是从出生到 18 个月；第二个阶段是从第 18 个月到 3 岁；第三个阶段是从 3 岁到 6 岁。本书将每个发展阶段都作为一个单独的部分，每部分先用一两章的内容介绍孩子的人格发展状况，接着再探讨在养育孩子过程中可能遇到的实际问题。

如果我们了解孩子发展的过程，就会发现每个发展阶段他们都有特定的问题。父母在帮助孩子时所采用的方法必须结合他们在发展进程中所处特定阶段的心智禀赋来考虑。这意味着，直接讨论“童年焦虑”或“童年的管教问题”没有任何意义。两岁孩子的焦虑与 5 岁孩子的焦虑是不一样的。比如，一个小男孩，他在两岁到 5 岁这三年间，一直认为自己的床底下藏着同一条鳄鱼。

从心理学的角度来看，他两岁时想象的鳄鱼与他 5 岁时想象的鳄鱼是不一样的。鳄鱼也会随着小男孩的成长而长大，并且在床底下藏了三年之后，情况要比它刚刚出现时复杂得多。因此，在孩子两岁时，我们处理这条鳄鱼的办法与孩子 5 岁时处理的方法也会不一样。两岁的孩子语言表达能力还不够好，而且，在处理鳄鱼这个问题时还存在其他困难，因为他真的相信床底下有条鳄鱼。而 5 岁的孩子有能力与我们讨论鳄鱼的问题，并且还有一点也对我们有利——他并非真的相信床底下有鳄鱼。因此，一本能够满足父母实际需要的书，既要从两岁孩子的角度，也要从 5 岁孩子的角度来处理鳄鱼问题。

同样，在“管教”孩子时，我们教两岁孩子和 5 岁孩子学习自我控制的方法也应该是不一样的。如果我们想让自己的管教行之有效，就必须了解两岁孩子的特点，知道他控制冲动的能力发展到了哪种程度；也必须了解 5 岁孩子的特点，他已经具备了哪些能与我们的管教相匹配的能力。如果我们知道 5 岁孩子已经形成或者开始形成良知和自我控制能力，那么，我们就可以用良知来教育他。如果我们知道两岁孩子还做不到自我控制，我们在管教时就要考虑到孩子的自我控制体系还不够完善，同时也要兼顾促进孩子形成良知。显然，我们应该用不同的方法管教两岁孩子和 5 岁孩子。所以，我们再次看到，**在讨论管教孩子的原则和方法时，不能脱离孩子具体的发展阶段。**

建议我写这本书的是斯克里布纳出版社（Scribners）在教养领域的编辑海伦·斯蒂尔斯·伯吉斯（Helen Steers Burgess），她一直非常关注父母教育和临床儿童研究领域的新动向，很清楚临床研究人员对婴幼儿心理的理解已经取得了巨大的进展；在自我发展领域，大量精神分析研究和理念对育儿工作有着重要意义，但很少有父母能接触到这方面的信息。她认为，父母可能需要一本从当前心理学理论和研究的角度考虑育儿问题的书。就这样，伯吉斯女士和我开始了一段愉快的合作，在无数次讨论和修改之后，本书终于问世了。如果对读者来说本书的确很有实用价值，那么主要应该归功于她。

尽管本书的主要观点源自我本人，但我在此要对这一领域的一些学者表示感谢。安娜·弗洛伊德[①]关于自我心理学（ego psychology）的著作和她在儿童早期发展方面的研究，为我们揭开了童年世界的秘密，是带我走进“魔法岁月”的明灯和最有价值的向导。本书大部分最重要的内容或理论背景，特别是第 2 章、第 4 章和第 9 章，参考了精神分析专家雷诺·史毕兹（René Spitz）在婴儿心理学方面的研究成果。海因茨·哈特曼[②]和奥地利心理学家恩斯特·克里斯（Ernst Kris）在自我心理学领域的著作深深地影响了我，我从他们的著作中汲取了对育儿工作很有实用价值的思想。让·皮亚杰（Jean Piaget）对儿童现实构建能力的研究，也为我撰写婴幼儿心理发展方面的内容提供了部分理论背景。然而，需要澄清的是：虽然这些作者对我本人和这一领域的其他人的观点有所影响，但我并不试图解释以上任何理论（除非在文中明确地予以说明），我的责任是对同一主题的不同研究加以整理，在讨论某个主题时，从截然不同的观点中做出最适合当下问题的选择。

在本书的整个写作过程中，我的丈夫路易斯为我提供了专业的帮助和建议，并在必要的时候帮我厘清思路。本书在很大程度上得益于他的生花妙笔，以及他从一开始就给予我的慷慨热情的支持。我的母亲朵拉·霍维茨（Dora Horwitz）在本书的写作过程中也为我提供了非常有价值的帮助，她承担了初稿整理和大部分内容的录入工作。感谢我的母亲和弗洛伦萨·乔丹（Florence Jordan）辛苦的誊写，以及在阅读初稿后提出的许多宝贵意见。

① 安娜·弗洛伊德（Anna Freud，1895—1982）：西格蒙德·弗洛伊德之女，奥地利著名儿童精神分析学家。她是用精神分析方法研究儿童发展的创始人之一，著有《儿童精神分析治疗》（1946）等书。——译者注

② 海因茨·哈特曼（Heinz Hartmann,1894—1970）：被誉为“自我心理学之父”，著有《自我心理学与适应问题》（1939）、《自我心理学文集》（1964）等书。——译者注

THE

Magic

Years

第一幕

魔法岁月里的秘密

养育一个身心健康的孩子

THE

Magic Years

01

寻找女巫和食人魔

养育孩子前值得学习的心理学知识

从前，有一个名叫弗朗基的小男孩，他的父母希望将他培养成为现代科学养育的样本。他们阅读各类专家著作，定期参加育儿系列讲座，并用所有备受当今社会推崇的养育方法和实践知识培训自己。他们从中得以了解儿童早期各种恐惧和神经症的成因。怀着这个世界上最美好的愿望，他们决心养育出一个完全远离焦虑的孩子。

因此，弗朗基在适当的月龄以恰当的方式得到了哺乳、断奶和如厕训练。父母对他的发展阶段进行精确计算后才决定小妹妹的出生日期，以免小妹妹的到来给他带来情感创伤。当然不用说，父母也采用了公认的科学方法让弗朗基做好了迎接小妹妹到来的准备。他们给予弗朗基的性教育坦诚而充分。

父母找出各种可能引发弗朗基恐惧的来源，并且找到方法逐一驱除。他们改编了儿歌和童话故事：老鼠的尾巴从来没有被切断；食人魔吃的是麦片而不是人肉；女巫和坏人们施展的魔法都不会导致伤害，轻微的处罚或温和的责备就能让他们改过自新。在童话世界里没有死亡，弗朗基的世界里也没有死亡。在弗朗基的鹦鹉因不治之症死了之后、弗朗基午睡醒来之前，鹦鹉的尸体已经被处理掉，并换了一只新的鹦鹉。尽管已经采取了这么多的预防措施，但弗朗基还是会感到恐惧。父母很难解释这是为什么。

很多孩子在两岁时害怕自己会顺着浴缸的排水管消失，在这个年龄，弗朗基也产生了同样的恐惧，这种恐惧的产生与别人无关，也不是受到不良同伴的影响。

尽管父母为小妹妹的出生做了大量的准备工作，但弗朗基并不欢迎她的到来，反而违背父母意愿，忙着密谋除掉小妹妹。

不仅如此，在别的孩子会被噩梦吓醒的年龄，弗朗基也会被噩梦吓醒。让人难以理解的是，弗朗基梦见自己被一个想要吃掉他的巨人追赶！

还没完呢！尽管在父母对弗朗基的教育中，对女巫的惩罚都很仁慈，但弗朗基编故事时，依旧用自己的方式处置坏人。在他的故事中，惩罚女巫的办法是砍掉她们的头。

这个现代寓言的意义何在？我们怎么养孩子根本无所谓？难道现代育儿方法只是科学家的痴心妄想？我们应该抛弃自己有关喂养、如厕训练、性教育的育儿理念，认为它们对促进孩子的心理健康毫无用处吗？

父母在喂养、如厕训练、性教育等管教孩子方面的智慧和知识，能提升孩子对父母的爱和信任，增强孩子对自己的生理需求和冲动的控制能力，从而促进孩子的心理健康。但即便是最理想的早期训练，也无法消除孩子内心的全部焦虑，更无法扫除孩子的世界里和成长过程中无处不在的风险。

我们不应为之震惊，**因为没有任何一种养育方法可以让孩子完全体验不到焦虑**。人类发展的每个阶段，都会面临各式各样的伤害和危险。更进一步来说，我们会发现，对孩子生活环境中的妖怪、食人魔和死鹦鹉的过度警觉，并非总是有益于他们心理健康的。许多类似的恐惧都无法避免，而且也无须避免。当然，谁也不会故意把孩子置身于恐怖之中，也不会让自己的行为举止像个妖怪，从而让孩子对妖怪的想象变得真实。不过，当妖怪、食人魔和死鹦鹉出现时，最好用一种开放的态度对待这一切，并帮助孩子以同样的方式来面对它们。

弗朗基害怕浴缸的排水管？许多两岁的孩子都害怕，这不一定是个坏现象。弗朗基梦见过巨人？几乎所有的学龄前儿童偶尔都会有这种焦虑的梦。尽管父母做了巧妙的安排，弗朗基还是不喜欢他的小妹妹。为新宝宝的到来做准备的确很有必要，这会让事情变得容易一些，但无论预先做了多少准备，也无法让一个孩子全盘接受一个真实的婴儿出现在他的生活中并会分享父母对他的爱这个事实。

儿童未来的心理健康，并不取决于他的幻想世界中有没有食人魔，或者食人魔吃什么东西，甚至与食人魔出现的数量和频率也无关。儿童的心理健康状况只取决于他如何解决与食人魔相关的一系列问题。

正是儿童处理自己非理性恐惧的方式决定了这些恐惧对孩子人格发展的影响。如果对妖怪、小偷和野兽的恐惧妨碍了孩子的生活；如果孩子在面对自己想象中的危险时感到孤立无援、措手不及，并因此对生活感到畏惧，面对困难容易屈服，那么，不难预料，这将对孩子未来的心理健康造成一些负面影响。如果一个孩子的行为看起来好像受到了各种真实或想象的威胁，并且他认为必须加以提防和准备反击，那么，他可能会表现出过强的攻击性和反叛。大人肯定也会觉得他这种处理恐惧的方式很糟糕。但是，孩子通常都能克服自己的非理性恐惧，而这正是最有趣的地方：孩子是怎么做到的？这是因为，孩子天生就有克服自身恐惧的能力，甚至两岁的孩子就已经拥有了一套复杂精妙的心理系统。这套系统为他提供预感、评估、防范抵御和克服危险的诸多方法。当然，孩子能否凭借天生的能力成功地克服自己的恐惧，在一定程度上取决于教他如何运用这种能力的父母。这就意味着，如果我们了解正在成长的孩子的天性，以及他的人格中存在着有助于解决问题并促进心理健康的因素，必然能帮助他培养出应对恐惧的内在能力。

什么是心理健康

近些年，人们开始把心理健康视为某种类似于科学食谱的产物，它应当包括适当的爱和安全感、益智的玩具、积极的同伴、坦诚的性教育、情绪的正常宣泄与适当控制等。这份营养均衡的心理大餐不免会让人想起营养学家厨房里的水煮蔬菜，有益健康但无法引起食欲。用这份心理大餐培养出来的孩子，很可能成长为一个具有良好适应性却乏味无趣的人。

然而，我们所说的心理健康并不只是营养均衡的心理大餐的产物，而是复杂的心理系统随着个人经历运行，对其做出反应，再加以适应、吸收和整合，并坚持不懈地维持我们内在需求和外在需求之间的平衡。

心理健康取决于生理需要、本能和外部世界要求之间的平衡，但一定不能将这种平衡视为静态的。按照社会规范调节本能、欲望、愿望和追求纯粹自我中心的过程，发生于更高级的心理活动中。正是人格中与意识和现实联系最为紧密的那部分执行着这项重要功能；正是意识自我承担着这些调节和中介的作用，而且，人只要醒着时意识自我都会起作用。

不要误以为满足感，即“幸福”，就是心理健康的标准。**心理健康的评判不仅仅取决于个人内心的平衡状态，还要考虑一个文明群体对于达到最高社会价值的要求。**如果一个孩子把摆脱恐惧看得很重，一生都不敢为了某个理想或原则而冒险，那么这样的心理健康对于人的幸福而言毫无用处。如果一个孩子是“安全的”，但除了个人安全之外别无其他追求，那么这种安全本身也毫无价值。如果一个孩子“完全适应群体”，但这种适应是通过不加批判地接受和遵从他人的意见来实现的，那么这种适应也违背了人类自由的本意。如果一个孩子“在学校适应良好”，但头脑中只充斥着平庸的想法和漫画书里的白日梦，那么，什么样的文化才会看重这个孩子的“适应性”呢？

心理健康的最高水平，意味着一个人能够自由地运用他的才智，解决他自身的问题和所处社会面临的人类问题。对才智的自由运用，需要尽可能地把自我满足和自我为中心从推理和判断这些更高级的人类心理过程中移除。对一个孩子进行心理健康的训练，必须包含对智力的训练。孩子的情绪健康不仅依赖于满足其基本生理需要，而且依赖于充分发挥其智力水平。

最高水平的心理健康状态还必须包括一套稳定和完整的价值体系，它是人的道德感和理想自我的组合，深深植根于不能被侵犯或破坏的人格结构之中。我们不能在缺乏这种价值体系的人格中谈论心理健康。如果运用诸如“个人满足”或“群体适应”这类不严谨的标准评估心理健康，那么可以预见，一个少年犯在追逐自己的目标时可能会最大程度地实现个人满足，而他对于犯罪团伙这个群体的适应也会如我们所想象的那样令人满意。

一边是人类的基本需求和自我为中心的愿望，一边是道德感和社会需要的限制，因此，从理论上讲，心理健康取决于个体对这两者之间平衡的维持。通常，我们并不能意识到自己人格内部的这两股力量。不过，当我们脑海中出现了某种违背道德感的冲动或愿望，或者我们意识到由于种种原因这些冲动或愿望无法在现实中得到满足时，冲突就出现了。在这种情况下，自我将在这两种相反的力量中扮演裁判或调解员的角色。一个健康的自我如同一位明智又公正的法官，会尝试找到争议双方都满意的解决方案。在个人愿望与道德感或社会需求没有冲突时，自我就会允许个人愿望直接获得满足；若非如此，自我就会指导个人用变通方式间接地满足自身愿望。例如，如果一个人发现自己对专横跋扈的上司有攻击性情绪，并感到自己无法在不带来严重后果的情况下直接表达出来，如果他有一个健康的自我，这个自我就能把这种被禁止的冲动中所蕴含的能量投入寻找具有建设性的解决方案的行动中。最起码，他能幻想做点什么事让上司消停下来，并从中得到慰藉。如果他有一个不那么健康的自我，他就会缺乏调解能力，对这样的冲突无能为力，从而可能放弃自己的职责，任由自己用神经质的方式去发泄不满情绪。

每当人格中潜在的冲突出现公开爆发的苗头时，人们对危险的预期就会引发焦虑。然后，焦虑就会在自我保护进程中再次启动神经症防御机制，并再一次妥协。可以说是焦虑引发了神经症，但不能由此推断焦虑本身是一种病态。焦虑不一定会导致神经症。事实上，焦虑对于人格的适应性起到了广泛且有益的作用。

什么是焦虑

人类在正常发展中，会遇到各种各样的危险，有真实的，也有想象的。如果自我未能找到处理危险的办法，就会陷入长期的无助和恐慌之中。人对危险的本能反应便是焦虑。在生命之初，婴儿表现得好像任何意外对他们而言都是一种危险。比如，突如其来的巨响或者被突然暴露于强光之下，都可能让他“吓呆了”。之后，随着婴儿对母亲依恋[①]程度的加深，他会对母亲从自己的视线里消失而感到焦虑，表现为一种类似于震惊的反应。大量类似的情形会引发婴儿的焦虑，如果婴儿对所有这一类事情的反应始终都是惊恐和无助的，那么他几乎难以在这个世界生存下来。

但是，很快我们就会发现，这种“危险”的数量在减少。一再重复的经验能帮助婴儿克服危险感，而且“吓呆了”的反应会弱化成略微的惊奇或惊讶。与此同时，婴儿也开始发展出应对“危险”（只对婴儿而言是危险，对成年人不是）的另一种能力。他学会了预期“危险”的到来，并为之做好准备。而且，他正是通过焦虑的方式为危险做准备的！以婴儿睡觉时，母亲离开为例。在婴儿发展的早期阶段，婴儿对母亲的离开会表现出某种焦虑，这是因为母亲从自己的视线中消失而引起的吃惊或震惊。在婴儿发展的后期阶段，一旦他靠近自己的床，甚至只要是走进自己的房间，他就会产生某种焦虑，继而哭闹和抗议。他已经预见到母亲会离开这件可怕的事情，并通过在事情发生前产生焦虑让自己做好准备。这种由预期而产生的焦虑能帮助他应对与

① 英国儿童精神病学家约翰·鲍尔比（John Bowlby）用“依恋”（attachment）描述人与生活中特定人物之间强烈的情感联系。对于孩子而言，依恋是指婴儿与养育者之间特殊的情感联结。——译者注

母亲分离的痛苦。我们有理由相信，与早期每次把与母亲的分离都当作一件让他感到吃惊或震惊的事情相比，以这种方式预期分离更能减少它给婴儿带来的痛苦。

由此，我们应该认识到，**焦虑本身并不是一种病态，而是个体在应对危险时采取的一种必要而正常的生理和心理准备。**实际上，在某些情况下，缺乏预期焦虑反而可能引发神经症！那些被战争的惨烈吓跑的人，正是出于这样或那样的原因，没有发展出必要的预期焦虑，让他对危险做好准备，从而无法避免创伤性神经症。在某些情况下，焦虑对于人的生存是必不可少的。对危险缺乏理解，不能为危险做好准备，可能引发灾难性的后果。而且，我们发现焦虑有助于人们达到能力极限。事实上，表演艺术家在登台前的焦虑可能会促使他们在表演时发挥出最高水平。

焦虑有益于孩子的社会性发展，它是孩子形成良知的动力之一。正是因为害怕被所爱之人批评和对被爱的渴望，让孩子形成了良知；正是由于害怕良心的谴责，才促使人们做出符合道德标准的行为。最初，正是出于对种族灭绝的焦虑，人类的不同群体才为了共同的安全而紧密生活在一起。我们可以用一长串人类发明和人类机构的清单，继续证明危险的存在，以及抵御危险的必要——它们提供了人类追求最高层次文明的动力。

当然，我们知道，焦虑并不总是有益于个人或社会。无法应对的危险会让人感到无助和失去信心，导致逃避或者反社会行为。只有在这些情况下，我们才可以把焦虑视为病态。不过，更为准确的说法是，这种解决问题的办法或者试图用这种办法解决问题的行为是病态的。

所以，让我们回到促进孩子心理健康的目标上来，理解出现在童年早期的恐惧的本质，并且仔细观察孩子们用来应对危险的办法，这些危险会出现在孩子发展的各个阶段，可能是真实的，也可能是想象的。

父母的职责

在孩子尚未形成应对危险的能力之时，在很长一段时间内，他需要依靠父母来满足需要、缓解压力、预知危险和摆脱烦恼。对于婴幼儿而言，父母非常强大，不仅能看透自己隐秘的愿望，还能满足自己最深层次的渴望。

我们无法回忆起生命中的这段时光，如果试图重温童年，就只能在童话故事里找到类似的感觉。童话故事里那些随叫随到并且能变出满桌美味佳肴的小精灵，让美梦成真的仙女，把孩子送到远方的魔兽，战胜所有敌人的狮子随从，掌握着他人命运的国王和王后……让我们能经由想象重回婴幼儿的世界。

我们知道，**婴幼儿需要相信自己可以依靠这些强大的力量来缓解压力和减轻恐惧，孩子日后承受压力和主动处理焦虑的能力在很大程度上取决于早期经验**。由于婴儿期的孩子完全缺乏自理能力，因此我们几乎不会对他提任何要求，而会尽量缓解他的压力并满足他的全部需要。渐渐地，随着孩子的成长，他自己掌握了一些处理日益复杂情形的方法，父母也逐渐不再充当保护者的角色，不再让孩子做远离危险的绝缘体。但是，即便是最独立的孩子，在遇到不寻常的压力时仍然会寻求父母的保护；即便是那些没有父母保护也能克服日常压力的孩子，在他的心中依然有着能让自己安心的、强大有力的父母形象："如果小偷进了我们家，爸爸会把他干掉。"在童年早期，父母的保护极为重要，只要有父母在身边，即便是面对异乎寻常的危险，孩子也不会产生急性焦虑（acute anxiety）。在第二次世界大战时的英国，那些与父母待在一起没有撤离的孩子，即使在德军轰炸期间，也比那些被撤离到保护区但与父母分离的孩子更能忍受焦虑。

不过，即便是最有爱心和最具奉献精神的父母，很快也会发现在孩子的世界里，好心的仙女一下子就会变成巫婆，友善的狮子会变成凶猛的野兽，仁慈的国王会变成一个怪物，而且经常会有来路不明的邪恶生灵闯入童年的天堂。要想从孩子内心世界的这些暗夜之灵中，辨认出他们生活中真实的人和事并不容易。当我们发现孩子在幻想世界中把我们视为好心的仙女、精灵或者是智慧的老国王时，不免会有受宠若惊之感；但当我们得知自己同样有可能被想象成巫婆、妖怪或者怪物时，难免又会感到愤愤不平。毕竟，我们从没有吃过或者威胁过要吃掉小男孩和小女孩，我们既不配制魔药，也不会在愤怒时变得残忍，更不会因为孩子的一点儿错误，哪怕是严重错误，就用可怕的方法惩罚他。事实上，公平地说，虽然没有魔杖，无法从瓶子或者神灯中召唤精灵出来帮助孩子实现愿望，而且也不戴皇冠，但我们也不太愿意听到这些对父母形象的歪曲。

那么，在孩子们的眼中，他们所深爱的父母是怎么变成怪物的呢？如果仔细观察婴幼儿的生活，我们就会发现这种转变主要出现在这样的一些场合：父母不得不干涉孩子的快乐的时候；父母打断孩子某次愉快的活动的时候；父母拒绝满足孩子某个愿望的时候；父母以某种方式阻挠了孩子的愿望或企图的时候。然后，在孩子愤怒之际，母亲就会变成世界上最糟糕、最邪恶和最卑鄙的母亲。可以想象，如果我们从来不干涉孩子追逐快乐的行为，满足孩子所有的愿望，对他们想做的任何事都不表示反对，我们就可能永远也不必体验到孩子的这种负面反应。但这样就无法养育出一个有教养的孩子。在养育孩子的过程中，需要干预孩子的快乐，这不仅仅是出于健康、安全、家庭需求等方面的现实考虑，还因为我们要把孩子培养成为一个有教养的人。

在生命之初，孩子就像追求快乐的小动物，其早期人格围绕着他的欲望和身体需求形成。在养育孩子的过程中，我们必须对孩子只追求快乐的目标加以调整，使孩子的基本需求必须服从于道德和社会的约束，孩子必须能做到延迟满足，甚至在某些情况下要完全放弃某个愿望。

因此，没有什么办法能让孩子避免焦虑。即便我们把女巫和食人魔赶出他们的睡前故事，并且为了避免任何能想象到的危险而密切照料他的日常生活，孩子仍然会从自己幼年生活的冲突中运用想象创造出怪物。但如果孩子有办法自己克服恐惧，那么我们就没必要因为孩子的生活中存在恐惧而惊慌。

孩子能对危险进行自我抵御

在孩子很小的时候，我们就可以观察到，每个孩子如何用自己独有的方式对他们所遇到的事情做出反应，并加以适应。我们猜测这种反应一部分是天生的，因为我们通过在育儿所的观察发现，即便是新生儿，对任何强烈的刺激或者挫折，比如突如其来的声音、拿走奶嘴，也会以自己独有的方式做出反应。但随着孩子的成长、环境的变迁，以及更为高级和复杂的心理过程的出现，这些本能的反应也会发生很大的改变。

因此，不仅每个孩子会以自己独有的方式对危险做出反应，而且会用自己独有的方式抵御危险和保护自己。**每个人生来就有从心理和生理上抵御危险以及处理自身焦虑的能力。**如果父母了解自己的孩子及其处理焦虑时的行为方式，就能支持他积极应对危险和克服恐惧。

这意味着，随着孩子成长为一个更复杂的人，我们不能依赖现行的方法和通用的原则帮助孩子适应环境或克服恐惧，而必须考虑那些在孩子的人格中已经在发挥作用的健康适应机制。如果我们想要达到自己的目标，就必须充分利用这些机制。这就是为什么有父母在听了专家或朋友的建议之后，会说“这对我的苏茜没用”。如果某种方法与某个孩子的个性不匹配，就可能会出现这种情况：在一些孩子身上管用的方法对某个孩子不管用。

现在，暂且把理论放在一边，来看看以下两个非常年幼孩子的故事，思考我们所说的“适应机制”或“防御”是什么意思，以及如何把它们运用到孩子的早期训练和人格发展上。

孩子的假装游戏

我的侄女简妮两岁八个月时，我第一次遇到“笑面虎”。一天下午，我走进简妮的爷爷奶奶家，发现简妮正要和她的叔祖父外出。简妮没有和我打招呼，甚至看上去她对我的到来有点恼火，就像一位女演员在彩排时，被笨手笨脚闯上舞台的工作人员打扰了一样。

她对我视而不见，穿得如同一位赶着赴约的女士，手上戴着白色的手套，手里攥着她的专用钱包。突然，她转过身对自己身后的什么东西皱了皱眉。“不！”简妮坚决地说，“笑面虎，你不能和我们一起去买冰激凌甜筒，你得待在这儿。不过简妮可以和我们一起去。走吧，简妮！”然后，简妮故意晃了晃钱包，跟着叔祖父一起走出了房间。

我想，我应该看到了一个卑微、惆怅的小动物悄无声息地穿过客厅，消失在暗处。当我平静下来之后，我问我的母亲（简妮的奶奶）：“谁是笑面虎？”“它是简妮的一个新玩伴。”她说。我们俩心领神会。不断有假想的玩伴来到这个家，简妮自己的玩伴更多。有对简妮和汤米来说非常神圣的椅子，桌子旁边有专门为兔子、狗和熊预留的位置，而且，指挥这些动物的简妮，经常假装没听见有人在叫她。我注意到，我母亲看上去有些心烦意乱，我对她深表同情，在这个午后的大多数时间里，她的脚边肯定都有笑面虎相伴。

“为什么是笑面虎？”我问。

“它不咆哮，从不吓唬小孩子，也不咬人，只会笑。”

“为什么它不能跟着一起去买冰激凌呢？”

“它得学会听话，不能每件事都由着自己性子来……总之，这就是我知道的情况。”

那天晚饭时，简妮注意到我要坐下，“小心！”她大叫。我赶快站起来，怀疑椅子上有颗大头钉。“你坐在笑面虎身上了！”她严厉地说。“对不起。现在你能请它离开我的椅子吗？”“你现在可以走了，笑面虎。”简妮说。然后，这个温顺、唯命是从的猛兽从桌旁站起来，毫无怨言地离开了我们。

笑面虎和我们一起生活了几个月。据我所知，它过着严肃、平淡的生活，几乎没有什么好笑的事。作为一头猛兽，它不曾展现过自己凶猛的一面；住在我们家的这段时间里，它从未让别人感到害怕；它忍受着女主人对它的种种文明教化，毫无反抗之意，也没有因此而精神崩溃；它服从所有的命令，即使那些命令愚蠢可笑，甚至违背了它自己的利益也是如此；它在餐桌上的表现无可挑剔；它虽然块头很大，但挤在家里的车上也不显眼。在简妮过完三岁生日之后的几个月，笑面虎突然消失了，也没人想念它。

那么，谁是笑面虎？如果我们追根溯源，便会发现笑面虎是破坏婴幼儿睡眠的凶残野兽的直系后代。每当简妮遇到她非常害怕的、以为它们会咬人甚至会吃掉小女孩的动物时，笑面虎就会蹦出来，这绝不是巧合。即便是邻居家温顺的小狗，有时也会让她害怕。在想象的危险前，她一定感到自己非常弱小无助。如果孩子总是有这种感觉，就根本找不到解决办法，更不用说好办法了。比如说，孩子可以始终待在爸爸或妈妈身边，让父母来保护他们。有些孩子确实经历了这种黏人的阶段，害怕离开父母。但是，这并不是个好办法。或者，孩子因为害怕遇到野兽而避免外出，以及不让自己睡觉以免梦见野兽。但这些解决办法都不可取，因为这都是在逃避，孩子也没有运用自己的力量去解决想象中的危险的能力，反而更加依赖父母。

现在，在想象的世界中，孩子能用自己的方式打败凶残的野兽。它们应该被处死、打残、驱逐还是感化，完全取决于孩子的个人喜好。当孩子能运用想象来解决问题时，他们在同样是被想象出来的猛兽面前就不会感到无助了。

简妮选择“改造猛兽”作为消除胆小和无助的办法。人们只要看到这个羞怯、胆小的笑面虎，就不会怀疑它有可怕的祖先。在简妮创造的这个新形象中，老虎各种危险的特征都被改造了。牙齿？笑面虎从不在咆哮时露出牙齿，它只是笑；吓唬小孩？它才是那个被吓到的吧；野蛮而不受控制？只要女主人一句话，这个大块头就会缩回自己的角落里；胃口大？哦，如果它表现好的话，可以得到一个冰激凌甜筒。

我们猜测这里存在一个平行发展过程。把老虎变成温顺又安静的动物的这番改造，是这个小女孩对她正在经历的文明化过程的描述。对于旁观这出喜剧的成年人来说，简妮对笑面虎的奖励与惩罚、向它提出的荒唐要求没有什么意义，就像成人的突发奇想和愿望对这个小女孩没什么意义一样。因此，我们怀疑这个被改造过的老虎其实是这个小女孩的翻版，老虎的原始特征，比如它的不受控制、易冲动和凶恶，代表了这个正在经历转变的孩子的性格特征。简妮对笑面虎比对她进行文明教化的大人更加严厉和苛刻，由此，我们证实了一个心理学理论，即最为狂热地反对恶行的人是那些洗心革面的罪犯，他们原始冲动的力量被转移到了与之相反的另一面。

那些端着自制的冲锋枪、嘴里发出“嗒嗒嗒”的声音追踪老虎和熊的小男孩，也是在用自己的方式解决老虎的问题。（在我的印象里，对于老虎问题，小男孩往往直接采取行动，而小女孩则会改造老虎，她们很早就开始表现出对这种方法的喜爱并且对此充满天赋。）还有一种克服对老虎的恐惧的有效办法是让自己变成老虎。许多儿童伪装成老虎，咆哮着威胁敌人，让对方惊慌失措，以这种方式从被凶猛的野兽突然围攻又寡不敌众的可怕遭遇中突围。

通常，这些与看不见的老虎的战斗经验非常有益于孩子的心理健康。笑面虎对简妮最终消除对动物的恐惧起着重要作用。在笑面虎第一次出现时，简妮对动物的恐惧有了很明显的改善。在它最终消失时（它并非被其他动物所取代），简妮对动物的恐惧已经大大减弱，显然简妮不再需要它了。想象中的玩伴和敌人几乎与孩子的恐惧同时消失，这意味着在自己的游戏中战胜了老虎的孩子，也学会了控制自己的恐惧。

在孩子的正常发展过程中，这是一个常见模式。危险能够被当作孩子假装游戏中的老虎来处理。尽管小男孩和小女孩不大可能在自己的床底下发现一只真正的老虎，但如果孩子感到自己所爱的某个人是“危险者”，而且他有害怕这个人的理由，那么孩子在处理自己的这种恐惧时，就会有很多困难，因为这种恐惧至少部分是真实的。那些有理由对父母真实的愤怒感到恐惧的孩子，尤其在某些极端情况下，比如孩子已经见识过父母的暴怒、人身攻击或暴力恐吓，这样的孩子就无法用假装游戏来克服恐惧，因为他的恐惧是真实的。在极端情况下，比如青少年罪犯，他们正是基于童年早期这些真实而不可控的危险形成了自己的世界观，认为世界上到处都是对自己有危险的人，必须随时准备保护自己。

举出以上这种极端的情况，只是为了说明，一旦现实强化了孩子想象中的危险，孩子就会更难克服这些危险。这就是为什么**我们在对待孩子时，原则上要尽量避免强化孩子想象中的危险**。因此，尽管父母并不认为打一下屁股就是对孩子的人身攻击或侵犯，但孩子可能这样看。而且，他们会借此来确定自己的恐惧，那就是大人在某些情况下真的会伤害他们。此外，无法避免的是，有时候客观现实会证实孩子的恐惧。比如，孩子生病了，去医院做检查，结果要切除扁桃体，这可能会让孩子感到不安，因为这次经历验证了他对失去身体某个部分的恐惧。虽然我们无法总是避免现实以某种方式证实孩子的恐惧，但对于能够控制的情况，比如在日常的亲子关系以及对待孩子的方式上，我们的所作所为要尽量不让孩子感受到有真正的危险。

还有一些情况也会让孩子无法借助常用的办法来处理童年的恐惧。假装自己是一个威力无比的人，能够驯服老虎和狮子或者把它们吓得俯首称臣，假装衣柜是潜伏着野生动物的丛林，并把幼儿园变成表演这种戏剧的剧院，是一回事；把这些剧目融入自己的内心，使之成为自己人格的一部分，并将世界转变成上演这出戏的剧院，又是另外一回事了。然而，后者也是有可能的，我们也需要考虑孩子的这种成长方式。

那些试图通过游戏，把自己幻想成老虎来克服对老虎的恐惧的孩子，是在用一种非常有益的方式处理恐惧问题。端着自制武器追捕客厅里的老虎的孩子，是在与其想象中的恐惧进行一场光荣的战斗。但是，对有些孩子而言，他们的恐惧是如此强烈和真实，以至于被威胁的感觉渗透到他们生活的各个方面，防范危险已经成为他们人格特质的一部分，那么此时，父母可能就遇到难题了。

童年晚期出现的很多问题被统称为“行为障碍”，但它们其实不过是孩子在煞费苦心地防范想象中的危险。那些不分青红皂白地攻击邻居或学校里其他同伴的孩子，觉得自己是受某种幻觉的驱使才这样做的。在这种幻觉下，他认为自己有被攻击的危险，为了自卫他必须首先出击。他会把另外一个孩子不起眼的手势或毫无贬低之意的话，当成那个孩子对他怀有明显的敌意，仿佛自己正处于巨大的危险之中，进而发起攻击。他对这种危险的存在确信不疑，以至于如果父母事后和他谈论起他的攻击行为时，他会坚持说是那个家伙想打他，他不得不这样做。

这究竟是怎么一回事？这和那些与想象中的猛兽英勇斗争的幼儿园小猎手的行为有重要的区别。幼儿园猎手让他的老虎待在原地，这些老虎不会在街头游荡，也不会伤害好人。它们不是真实存在的，几乎任何一个两岁半的孩子在被追问时都会承认，沙发后面并没有一头真的老虎。而且，他很明智地用想象中的方法来对付想象中的老虎。这是一场与想象中的老虎进行的假装战斗。但是，那些较为年长的孩子由于恐惧想象中的攻击而主动攻击其他孩子的行为，可以说是让自己想象中的老虎走出了客厅。这些老虎已经侵入了他的现实世界，在真实生活中引发很多麻烦，它们不像客厅里的老虎那样能被轻易地控制住。当这些被称为“粗暴的家伙”、有攻击性、好斗的年轻人在临床治疗中袒露心声时，其行为背后的驱动力是幻想中的恐惧。一旦经治疗消除了这些恐惧，他们的攻击行为也会随之消失。

因此，假装游戏通过保持想象与现实的界限促进孩子的心理健康。如果坚持游戏规则，将想象中的猛兽控制在客厅里，并且让它们各就各位，它们就不大可能侵犯现实世界。

当今人们对幻想在幼儿生活中的作用有很大的误解，假想的玩伴在许多教育者和父母中的名声不太好。许多家庭都会急于赶走简妮的笑面虎。人们普遍认为，有假想的玩伴意味着“缺乏安全感”和“退缩”。人们把假想玩伴当作真实玩伴的一个拙劣的替代品，认为应该竭力鼓励那些“不幸”的孩子放弃假想的玩伴，去结交真实的朋友。当然，不管多大年龄的孩子，如果他放弃现实世界，无法与他人建立联系；如果他不能与他人建立有意义的人际关系，更喜爱自己假想中的人，那么父母也有理由为他担心，但一定不能将神经质式的妄想与健康的幻想混为一谈。

运用想象和想象中的玩伴去解决自身问题的孩子，是在保护自己的心理健康。他能在维持其想象世界的同时，保持与他人和现实世界的有益接触。此外，有证据表明，时不时徜徉在想象世界，能加强孩子与真实世界的联结。如果一个人每隔一段时间，就能依靠幻想满足自己内心深处的愿望，进而让自己从焦虑中恢复过来，他就能更容易忍受现实世界中的挫折，并且接受世界对他的要求。

不过，假装游戏只是孩子尝试克服恐惧的方法之一。在很小的时候，孩子就会发现，他的智慧和获取知识的能力也能帮助自己战胜恐惧。让我们来看看另一个故事。

年幼的科学家

很多年前，我认识一个名叫托尼的小男孩，他很早就表现出偏爱一种特别的方法战胜恐惧。他不喜欢假装游戏，可能他觉得追捕、改造老虎或者给老虎画张像都没什么意思，这不是他的方式。我甚至想不起来他有什么特别害怕的野生动物。他的恐惧更具普遍性，他害怕陌生的、不熟悉的和未知的东西，在孩子的各个发展阶段中，这些都是很常见的恐惧，他的处理办法主要是调查研究。如果他能弄明白一个东西是如何运作的，找到事情发生的原因，他就会觉得自己能掌控局面，也就不再害怕了。

托尼两岁时，就显得对传统玩具没兴趣。他最心爱的玩具是一把可以放在口袋里的螺丝刀，走到哪儿都随身携带它。这把螺丝刀他用得极为娴熟，以至于他在学会说话之前，便成功地把家里弄得“危机四伏”：橱柜门不是摇摇欲坠一碰就掉，就是连着一个快脱落的铰链疯狂地摇来晃去；桌子和椅子歪歪斜斜似随时会倒在地上，它们那些丢失的脚轮早已不知在哪个沙堆里生了锈。

像其他两岁左右的孩子一样，托尼也害怕吸尘器和它发出的震耳欲聋的噪声。有些孩子通过让自己学会用吸尘器开关控制噪声来克服这种恐惧；一些喜欢玩游戏的孩子可能会假扮吸尘器，一边模仿吸尘器的“嗡嗡”声，一边在地板上爬来爬去。但是托尼不喜欢假装游戏，对他来说，仅仅知道吸尘器上的开关能控制噪声是远远不够的，他必须找出噪声是从哪里来的。经过一段时间的大量探索之后，吸尘器的小螺丝和轮子都被托尼拆了下来，并在他狂热的研究中不见了，最后这个垂死的怪物发出“嘎嘎”声，直到离开这美丽的世界也没有泄露自己的秘密。

对托尼来说，仅仅知道墙上的电源插座可以控制电灯，以及碰这些东西很危险的道理，还远远不够。父母的警告只会让他更想确定危险在哪里，以及更想弄清楚“为什么”会有危险。他用自己那把随身携带的螺丝刀一次又一次地拆下电源插座上的面板，一再让自己陷于危险之中。一旦父母阻止他，他立刻愤怒到无法控制自己。

尽管事实上这些研究大多吃力不讨好，而且父母也不鼓励他的做法，但这位小科学家的研究热情丝毫没有减退。随着年龄的增长，托尼“谋杀”电器的次数越来越少。他不再满足于为了搞清楚电器如何工作而将其拆开，他还想把它们重新组装，让它们再次运转。当年托尼那股拆开电器加以研究的欲望和动力，现在转移到了组装和再创造上。

> 到托尼4岁时，就不能再说控制焦虑的需要（正如他两岁时那样）是驱使他探索机器运作原理的动力了。研究、发现和再创造本身就乐趣无穷。托尼有时会把洗衣机的发动机拆下来，不过，他并非像婴儿期那样想找到噪声来自何方，而是当时他需要一个大功率的发动机来完成手头的一项发明。遗憾的是，由于妈妈不愿为了科学发展而牺牲家里的床单和整洁，这项发明从未进入实质阶段。

从托尼的故事中，我们可以看到他如何把探索变成与原来的目的毫无关联，还能实现各种其他目的的活动。源自克服童年期恐惧的动机在这个过程中最终升华为另一种动机。此外，这个故事还说明了，在有些时候，这种有益的升华也能被用作对付焦虑的手段。

托尼在4岁时得了急性阑尾炎，在医院住了两周。托尼对住院或动手术没有任何心理准备，可以肯定地说，对一个小男孩而言，这真是让人恐怖的经历。亲戚朋友给他带来了很多玩具，但4岁的托尼和两岁的托尼一样，不太喜欢玩具。当一位姑妈问他最想要什么礼物时，他毫不犹豫地说："一只坏了的旧闹钟。"这位姑妈和其他亲戚就把自己的闹钟都送给了他。后来，托尼在住院休养期间一直忙于修理这些旧闹钟，它们竟然又能运转了！

这些事引起了我们的兴趣。首先，对一个4岁孩子来说，拆装闹钟是一件极其复杂的任务。而托尼却对这件事非常着迷，说明它对他而言极为重要。我们猜测，在那个特殊时期，修理闹钟与当时的手术以及托尼内心的焦虑有关。托尼刚刚经历了巨大的痛苦，他对紧急住院和动手术毫无准备，他只是知道自己身体的某个地方出问题了，而医生会让自己好起来，可以说是"把他修好"。像所有的小孩子一样，当离开自己的妈妈，被推进手术室去取出那个让他痛苦的"东西"时，他一定感到非常恐惧和无助。因此，在休养期间，他要减轻这段经历给他带来的痛苦。那么，他做了什么呢？他给闹钟做"手术"，成功地让它们再次运转。托尼运用行之有效的策略，通过拆装闹钟，战胜了这次可怕的经历，事实证明他做得非常成功。

焦虑对修理闹钟还可能起了另一个作用。在此之前，托尼从未成功地组装过闹钟，这是一项超过 4 岁儿童正常能力范围的高级机械技能。他以前的尝试，留下的都是一个个被拆毁的闹钟和一大堆小螺丝、轮子和弹簧，根本无法重新组装。可能是术后的焦虑为托尼“修理东西”“让东西正常运转”提供了强大的动力，以至于像他这么小的孩子也能超越自己，完成一些以前未能做到的事情。

在这之后的许多年里，托尼继续追随自己对科学的兴趣。他在地下室的发明创造经常让全家人处于危险之中，小小的爆炸时不时让全家人感到不安。他那长期饱受折磨的母亲，逐渐习惯了洗衣机里的发动机经常不翼而飞，有很多次，在这个小发明家放学回家之前，家里常常洗不了衣服。在学校里，托尼对科学科目的兴趣让其他同学相形见绌。他坚信自己长大后会成为一名科学家，唯一的问题是选择哪个领域。上大学时，托尼做了决定，现在他是一名物理学家。

想象、智力和心理健康

孩子在童年早期就开始呈现出他处理问题的独特方式。他的创造和智力活动并非仅仅为了追求快乐，还能帮助他克服童年常见的恐惧和解决其他问题。之后，这些处理问题的独特方式会得到强化，甚至有可能成为孩子未来职业选择的基础，正如托尼那样。

一旦了解了想象和智力活动对心理健康的重要性之后，我们便能形成一些养育孩子的结论。如果不对孩子提出过多或者不合理的要求，那么我们为促进孩子创造性地运用智力解决问题的能力所做的一切，就也会促进孩子的心理健康。**在鼓励孩子的某种天性时，我们也要确保那是孩子的天性，而不是我们的要求**。假设一下，如果简妮的父母认为她的假装游戏令人厌烦或者把它视为一种“逃避”而加以阻止，如果简妮身为工程师的父亲试图引导她像托尼那样用研究的方法来解决她的问题，那这些可能根本都不管用，因为简妮的天性与托尼不一样。虽然，她的智商也很高，但她不是托尼那种类型的人。在面对噪声巨大的吸尘器时，她根本不会从机械角度关心噪声是如何产生的。如果她的父亲试着告诉她噪声是从哪里来的，她会觉得很无聊。但是如果有人让她假扮吸尘器，并允许她用嘴模仿可怕的噪声在地板上到处爬，她可能会很喜欢。至于托尼，他的情况刚好相反。他不喜欢玩具，而且通常不靠假装游戏重现事情。如果托尼的父母觉得无法再忍受托尼的科学探索（有时候他们几乎要如此），并试图将他的兴趣转向传统玩具和假装游戏，或许会略有成效，但却会导致托尼无法用最佳办法克服童年早期的恐惧和解决其他问题。那么，世界将会失去一位优秀的物理学家。

我们的目标很现实。我们所讨论的是承载着父母和文化希望的那个孩子。在过去的几十年里，我们对孩子的认识获得了鼓舞人心的进展。虽然不知道也无法预测，在今后的几个世纪里，这些知识将怎样促进人类道德的进化，但我们要弄清楚，一个在当代文化中被抚养长大的孩子，如何在本能和道德感、自我和社会之间维持必要的和谐，既能为他所处社会的最大利益做出贡献，又不被疾病压垮。

但事实上，我们并不知道这些重大命题的所有必备答案。当前儿童心理学研究范围很广，但在一些关键领域尚未有定论，我们在本书中将要讨论的教养问题只能依据现有的知识水平来处理。如果父母愿意接受一门年轻学科的局限性，怀着最谦虚的目标和期望，把这些知识运用于孩子的养育中，那么我们有理由认为这本书是非常适合的。我们将尽力尝试结合儿童发展和儿童心理学领域的一些较为重要的发现，看看凭借现有的知识能找到哪些方法促进孩子的心理健康。

爸爸妈妈注意啦!

- 即便是最理想的早期训练，也无法消除孩子内心的全部焦虑，更无法扫除他的世界里和自身发展过程中无处不在的风险。
- 心理健康的最高水平，不仅包括一个人能够自由地运用他的才智解决他自身的问题和所处社会面临的人类问题，还包括一套稳定和完整的价值体系。
- 焦虑是孩子在应对危险时采取的一种正常的生理和心理准备，每个孩子都会以自己独有的方式抵御危险和保护自己。
- 假装游戏通过保持想象与现实的界限促进孩子的心理健康。

THE Magic Years

第二幕

“魔法师”上场了

最初的 18 个月

THE

Magic Years

02

"魔法师"的真爱

新生儿的内心世界

刚刚出生的小婴儿时不时因为饥饿或者不舒服从长长的沉睡中醒来，他暂时还不能聚焦的双眼茫然地将目光停留在一个物体上。在那一瞬间，他的脸上呈现出一副专注而智慧的样子，看起来是全神贯注地陷入了沉思。围绕在他身边的父母、祖父母和亲戚朋友对此感到十分惊奇。有人弯下腰问他："宝宝，你在想什么？告诉我们吧！"小婴儿视线模糊的双眼在这个人的脸上停留了一会儿，脸上浮现出一丝微笑，然后这张皱巴巴的小脸又变得毫无表情、难以捉摸，如同斯芬克斯面对其哀求者一样沉默不语。

心理学家在揭示这个小家伙的内心世界时也遇到了困难。他是所有被试中最不配合的一个。他在研究人员面前严守秘密，引发了婴儿早期研究领域的大量分歧，也激发了诸多离奇的科学假设。在任何情况下，这位被试都不参与争论，因此，某些有关婴儿内心世界的最为夸张和大胆的理论，从未被证明是错误的，但也从未被证实过。

如果以少数几个假设为出发点，利用从直接观察中获得的少量信息，我们对婴儿的理解或许更为可信。在婴儿出生之后的头两个月里，很少能看到可以称之为“心理”的活动。在最初的几个星期里，婴儿的活动大多围绕自己的需求和满足。他饿极了，所产生的紧张感让他难以忍受，对饱腹的满足刻不容缓。

他的一切活动都基于本能，饥饿时，小嘴会急切地寻找乳头。但是，当奶瓶或乳房出现在他眼前时，他又显得不“认识”它们。他对物体缺乏再认能力的这一点告诉我们，他还没有发展出记忆能力。

如果要想象或再现婴儿的这个世界，我们只能在梦中发现类似的场景。模糊的物体进入我们的视野，然后渐渐淡去化为虚无。在婴儿上方晃动的人脸如同一个幽灵般的面具，突然出现，然后又突然消失。他生活中发生的事情之间没有联系，即便是摆脱饥饿，也未能与母亲的面容建立联系，更别说母亲这个人了。

父母们会被这种说法激怒。“你们这些科学家知道什么！哦，我可以举出许多例子证明小乔伊在 4 周大就认出了他的妈妈！”很难相信，他在被照料后露出的微笑不是在对母亲表达感激；很难相信，他的号啕大哭也并非是对母亲的不称职表达愤怒。

父母们要求我们拿出证据来。在小乔伊 4 周大时，妈妈给他喂奶有些迟了。当妈妈走进小乔伊的房间时，她看到一个愤怒的“食客”，嘴里发出断断续续的声音，双拳紧握，控诉这个家的“管理”。看着乔伊，我们确实有种不安的感觉，他试图去别的地方吃东西！

“别告诉我，”他的妈妈说，“这个孩子不是在冲我发脾气！”

但是，他的确没有冲着母亲发脾气。尽管他见过母亲无数次，但他在 4 周大时对人脸的记忆力还很差。我们所看到的只是一种由饥饿引起的本能反应。他还不能冲着母亲发火，因为他还不明白除了他之外，还有个能满足他需要的人。他没有抱怨这个家的“管理”，因为他并不知道这里会为他提供食物。他感到饿了，然后就会有东西放进他嘴里来满足他。如果我们打个夸张点的比方，食物对他来说，如同童话故事里永远不会见底的水壶或水罐里始终流淌着的美酒，只要他想喝或者念一句咒语，奇迹就会出现。而让人失望的是，正如你我在拧开水龙头放出水或者打开电灯时，不会去想自来水公司或电力公司一样，在这个阶段，他也不会去思考食物是从哪里来的。

这种解释会再一次激发人们对科学的反感。“这样的话，我就没有必要在他身边待好几个月了。”乔伊的妈妈说，“我们只需要用一个设备给孩子喂奶和换尿布就可以了。”

“不！”科学家们表示反对，在这个问题上，各个流派和学派的心理学家众口一词。作为科学家，他们在许多观点上可能都存在分歧，很不认同对方的理论，但在母亲对新生儿的重要性这一点上，却几乎不存在任何争议。

这是因为婴儿出生后的头几周并非完全生活在黑暗和原始的混沌之中。从母亲开始，母子之间会编织起一张无形之网，通过这张网，母亲会把最微妙的感觉传递给孩子。虽然婴儿不“了解”他的母亲，无法用眼睛辨认她，但他通过与母亲的身体接触时体会到的许多感觉，逐渐形成母亲的形象。

虽然孩子此时还没有形成视觉记忆，但母亲与孩子的亲密接触，会让孩子把母亲与快乐、满足和保护联系在一起。即使在出生后的头几周里，当婴儿烦躁时，母亲的出现也经常会起到神奇的安抚作用。父亲或家中其他人也能起到同样的作用。这其中的关键在于，即便孩子还不能区分母亲与其他人，但他的心中已经建立了某些联系，那就是，与他人接触意味着满足和保护。毫无疑问，这种反应部分是出于本能，部分是婴儿通过与母亲和其他人的接触，从一再重复的愉快和舒服的体验中“习得”而来。

在婴儿出生后的头几周里，与母亲或父亲的身体接触向他传达了保护的“概念”。如果婴儿独自待在婴儿床里，巨大的声音或任何其他强烈的刺激都可能引起他的惊吓反应，他们因此而啼哭。而如果此时，婴儿恰好在母亲或父亲的怀抱里，那么惊吓只会给婴儿造成轻微的影响。如果与父亲或母亲有身体上的接触，婴儿甚至能忍受身体上的不舒服或疼痛。在医务室打针时，如果婴儿被母亲抱在怀里，而不是平躺在检查台上，打针对婴儿引发的惊吓就会小很多。如果婴儿被抱着，他就更能忍受出生后头几周由轻微的消化不良而引起的不适感。

这些简单的例子证明了父母是如何充当保护者，以及早在婴儿能识别人脸之前，他们就本能地知道父母是自己的保护者。婴儿的神经系统尚未发育出能吸收过强刺激的“缓冲区”，但父母的身体充当了缓冲垫，弥补了这一缺失。婴儿神经系统日后接受和处理强烈刺激时的稳定性，并非神经系统自主发育的结果，而是与母亲对婴儿的照料和婴儿从母亲那里获得的满足感和安全感有关。与那些知道自己被母亲照料的宝宝相比，没有得到母亲照料的宝宝，在整个婴儿期都明显地更容易发怒，也更容易受到惊吓。

当然，在出生后的头几周里，父母并非只充当保护者的角色。就像种子发芽一样，在亲子关系的建立中，也悄无声息地发生了很多令人激动的事情。在出生后的第二个月的月末，婴儿在看到人脸时会微笑！这是一种非常特别的微笑，它不是反射行为，也不是满足的微笑；而是一种回应式的微笑，是一种被他眼前的人脸引发的微笑。

宝宝为什么会微笑

大约在两个月时，宝宝会用笑容来回应他人，这是宝宝发展过程中的一个重要的里程碑。科学家们对这一现象的重要性的认识要比孩子的父母晚了许多。这是一个激动人心的时刻，消息很快传到爷爷奶奶和所有亲戚的耳中。尽管没有奏乐庆祝，但似乎每个关心孩子的人都明白，这个微笑很特别。

此时，父母毫不在意宝宝为什么微笑，也不关心为什么心理学家认为宝宝在微笑。你可能想跳过下面几段内容，但我不希望你这样做。知道宝宝为什么微笑，对于理解婴儿早期的依恋非常重要。

首先，让我们回忆一下，婴儿之前曾出现过这种反应性的微笑。早在出生后的头几周，在婴儿吃奶期间或吃完奶之后，他会满足地放松嘴巴，嘴角露出一丝微笑。这种微笑是婴儿的一种本能反应，而不是他对人脸的反应。

现在，让我们在婴儿吃奶时观察他。如果他不是很困，他的眼睛会专注地盯着母亲的脸。婴儿的视线并不能看到出现在他面前的整副面孔，而仅仅只能看到脸的上半部分，也就是眼睛和额头。通过反复的哺乳和与之同时出现的人脸，婴儿将吃奶与人脸建立起了联系。不仅如此，婴儿还把吃奶带来的愉快和满足感与人脸联系在一起。这种愉快的体验一再重复，就会在婴儿的记忆表层逐渐描绘出这张人脸，这就是记忆的基础。一旦这个心理意象被牢固地建立起来,这张人脸的视觉形象便被婴儿（非常粗略地）“认出来”了。婴儿看到这张人脸就会唤起内心的心理意象，这张脸便被“记住”了。此时，就到了转折点。**婴儿的这个记忆并非仅仅基于图像，还源自通过吃奶建立起来的心理意象和愉快体验**。此时，婴儿在看到人脸时的微笑反应可以称之为愉快。这个小小的微笑起源于吃奶时的满足感引起的本能反应，现在它会常常出现。由此，婴儿已经建立起他与人类的第一个联系。

婴儿目前还无法区分母亲的脸和其他人的脸，对此，我们不应感到失望。“他们怎么能证明这一点呢？”父母们想知道，“这种微笑看起来的确很特别。”从两项对婴儿的观察结果中发现，在有了微笑反应之后的好几个星期里，几乎任何出现在婴儿面前的人脸都能引发这种微笑（你可能想不到，给这个月龄的小婴儿看画有眼睛和额头的面具，同样也会引起他们的微笑）。这个证据可能难以让人信服。说不定这个小家伙友善，喜欢母亲和其他所有人呢？而且，也许他对面具的反应只是为了证明他有幽默感。或许第二项观察的结果更有说服力。因为我们熟知 8 个月的婴儿对人脸的特定反应，于是，心理学家让他们来辨别和区分母亲的面孔。这个月龄的婴儿不再对出现在眼前的每一张脸都微笑。相反，如果让他最和蔼的叔叔面带笑容地拿着挂着 20 把钥匙的链子在他面前摇来晃去，你可能会看到婴儿困惑地盯着叔叔看，或者号啕大哭——这可能会影响亲戚关系！这时，让母亲或父亲去安慰婴儿，并向叔叔道歉。一看到父母的脸，婴儿就会放松下来，扭动着身体微笑。他可能会对这三张面孔研究上几分钟，最终对再次见到父母的面孔感到满意。他转向叔叔那张他不熟悉的面孔，并允许叔叔摇晃着钥匙扮鬼脸，之后他可能会报之以微笑。如果让偶尔到来但并非经常出现的奶奶接管拿着奶瓶喂奶的任务，婴儿饿的时候看到奶瓶就会迫不及待，但是，一旦他发现映入眼帘的并非妈妈的面孔，他就会显得很沮丧，小脸皱成一团，又哭又叫地表示抗议。“他以前从来不这样！”奶奶说。是的，就在几周前，奶奶给他喂奶时，他还津津有味地将奶瓶里的牛奶一口气喝光，就像妈妈给他喂奶时那样。

这种对妈妈之外的其他陌生面孔的反应，是婴儿将母亲的脸与其他人的脸区别开来的第一个确切的证据。在这里要补充一点，如果父亲与婴儿关系密切，而且婴儿有哥哥姐姐，父亲和哥哥姐姐的面孔也会被婴儿与陌生人区分出来。这里之所以用“母亲”这个词，是因为母亲是一个方便的参照物，还因为在婴儿期，母亲基本上是孩子主要的爱的客体[①]。奶奶喂奶引起婴儿的抗议也表明，吃的快乐不再只是一种生理上的需要和满足，而是与母亲这个人联系了起来。最终，婴儿将母亲的脸、母亲这个人与他的需要和满足联系在了一起，并把母亲视为自己获得满足的源泉。母亲通过哺乳和照料给婴儿带来的快乐和满足，此时已经转换成她的形象会给婴儿带来快乐的满足。因此，看到母亲的脸，宝宝就会欢快地“咯咯”笑，而母亲面孔的消失又会让他如此沮丧，以至于我们可以说婴儿是把母亲当作一个人来爱着。

“把母亲当作一个人来爱着”，这话听起来多么奇怪！显而易见，母亲就是一个人，婴儿还能把她当成别的什么来爱呢？如果说我们的意思是“把母亲当作自己之外的一个人来爱着”，这话在成年人听起来也很傻，母亲当然是婴儿之外的另一个人。我们知道这一点！但是婴儿不知道。他是在出生后的头几个月里，慢慢地、艰难地明白了这一点。因为在最初的几个月里，婴儿无法区分自己的身体与别人的身体、心理意象与知觉、内在世界与外部世

① 客体：客体是与自体相对应的概念。弗洛伊德认为，客体是原欲驱动（libidinal drive）的目标。客体关系理论中，“客体”这一术语更为恰当地是指“人类客体”。——译者注

界，一切都毫无差别、浑然一体，是一个以婴儿为中心的统一体。

从婴儿发现母亲是自己之外的另一个人起，他便开始了大量的“学习”。为了做到那些对我们成年人来说很寻常的事情，小婴儿要在这几个月里进行数百次的记忆尝试。他要把数以百计的记忆碎片拼成一幅巨大而又复杂的拼图。我们可以通过观察，再现婴儿的这些尝试。

区分自己与外部世界

两个月大的婴儿还没有从出生后最初几周的漫漫沉睡中清醒过来，就要面对某些人类最深奥的问题。我们邀请他认识现实的本质、区分内在感受和外在体验、辨别自我和非我，以形成区别它们的有效标准。如果要在学术研究中进行如此重要的课题，需要投入大量的试验设备和人手。事实上，重现婴儿体验的实验正是如此。不过，在这个研究课题上，很少有官方认可的科学家能像婴儿那样热情投入地处理原始数据。婴儿的研究设备仅限于他的感觉器官、双手、嘴和原始记忆系统。

在婴儿两个月左右时，他认识了一样东西，这个东西我们称之为人脸，而且我们知道这不是他自己的脸。但对婴儿来说，这只是一幅图像，一个他还不能与心理意象（即记忆中的画面）区分开来的图像。但这张面孔是整个拼图中的一块，而且我们认为这是关键的一块。然后，在接下来的几周里，乳房或奶瓶、手、声音、大量愉快的感觉渐渐被婴儿聚集在这张脸的周围，并形成了对一个人的大致印象。与此同时，婴儿正在进行一系列复杂的感觉区分的尝试。

我们必须记住：在出生后的头几个月里，婴儿无法区分自己的身体与他人的身体。当他抓着母亲或者父亲的手指时，他并没有把它当成别人的手指。事实上，他得花点时间才能凭眼睛辨认出自己的手，并获得一个基本的感觉：这是我自己身体的一部分。在第一项实验中，婴儿发现偶尔出现在他眼前的物品（婴儿的手）与他放进自己嘴里的其他东西没什么两样。借助于视觉和味觉，在一系列尝试中，婴儿发现这个东西（手）塞进自己嘴里之后的感觉，与他含住奶头或者把玩具、父母的手指放到嘴里的感觉不一样。在另一个与之有关的尝试中，婴儿把自己的双手放在眼前并用手指抚摸，通过成千上万次的重复，他渐渐发现自己两只手相互接触带来的感觉很特别，与他触摸那些身体之外的物体所体验到的感觉不一样。对我们而言，这似乎平淡无奇，触碰自己的身体和身体的某个部位的感觉与触碰其他物体的感觉当然不一样，但婴儿必须去发现这一点。在发现这两种感觉的差别之前，婴儿无法区分自己的身体和外界事物。渐渐地，婴儿将这些信息划分为两大类，最终形成“我”的感觉和“其他”的感觉。

在能够把他人当作自己之外的客体对待之前，婴儿还必须迈出更为重要的一步。那就是他必须区分两组几乎相同的图像，这两组图像让他难以判断现实、内在和外在的体验。拿母亲的例子来说，一幅图像源自外部，也就是母亲实际出现时婴儿看到的画面；另一幅图像来自婴儿内部，那是记忆中浮现的画面。在心理功能形成的早期阶段，对婴儿来说，区分心理意象和真实物体的画面并不那么容易，他必须对此进行学习。比如，婴儿饿了，饥饿会自动激发填饱肚子这个欲望的心理意象，婴儿的脑海里立刻会出现乳房、奶瓶，或与之有关的人脸。这与我们自己的心理过程有些类似，如果感到很饿，记忆中就会浮现出一种我们特别喜欢的食物的心理意象。但记忆中散发着香味的炖肉和出现在桌子上的饭菜不是一回事，前者不是真实的。我们并非天生就知道这一点，而是在婴儿期的“黑暗时代”学会的。正是经过成百上千次的重复，婴儿渐渐发现，脑海中的乳房或奶瓶仍然让他感到饥饿，只有真实的乳房和奶瓶才能让自己满足。这是现实第一次向婴儿宣告它的存在，基本的现实原则由此确立。

当这部分拼图完成后（大约在出生后半年），婴儿开始区分自己与外部世界，他在人格发展上便迈出了关键性的一步。他发现了人格的核心正是自我；他发现了通过爱的纽带与自己联系在一起的其他人。我们无须用科学来证明这一发现，每个父母自己都很清楚这一点：“宝宝怎么一下长成小大人了！”

成为一个人

现在，我们可以正式欢迎婴儿加入人类社会了。婴儿发现了自己，并通过母亲的爱以一种适合文明人的方式融入了这个世界。所有有关这位“婴儿研究员”的讨论，都不应该掩盖其核心：婴儿早期获得满足的主要来源是母亲，母亲代表着“这个世界”。正是通过对母亲的依恋，婴儿才发现了自我和外部世界。我们介绍的所有关于婴儿的研究，都围绕着母婴关系这一核心。婴儿通过接触母亲的身体和触碰自己的身体，分辨出这两种感觉的不同，并开始获得对自我的感觉。对母亲的心理意象和对母亲的感觉的区分，让婴儿第一次有了现实感。通过对自我和自我之外的满足源（母亲）的分离的觉察，孩子对母亲的爱这一最基本的爱成为可能。

这并不是一个生物学上的质变，这一过程也不是随着儿童的生理发育就会出现。婴儿大约在出生 9 个月后能做到这些，这要归功于整个家庭。那些生活在收容机构中，被剥夺了母爱或得不到母亲般照料的婴儿没有出现这些变化。他们仍处于需求满足的原始状态。与那些有母亲正常照料的婴儿相比，这些婴儿的心智发育过程大大延迟了。因为缺少始终与满足、愉快和安全有关的人，他们对周围的人或物体缺乏兴趣，外部世界对他们也没有吸引力。除非这些婴儿之后能得到母亲般的照料，否则他们在人生初期基于生理及其需要而形成的心理状态仍然会保留在他们日后的成长过程中。

通常在半岁左右，婴儿开始循序渐进地发现自己与母亲的分离。此时，距离自我识别，也就是孩子第一次犹豫着说出“我”，还有两年多的时间。但即便是在婴儿区分出自己与母亲的身体，开始认识到母亲是自己之外的另一个人的这个阶段，婴儿与母亲的关系也发生了变化。

那个抗议奶奶喂奶的婴儿表现出了这种变化。让我们回忆一下，几个星期以前，婴儿还很乐意奶奶或者其他人给自己喂奶。这说明在那个阶段，满足需要比由谁来满足更重要。现在，一切都改变了。婴儿希望母亲给他喂奶，因为母亲的出现其本身就意味着满足和愉悦。婴儿对母亲的反应不再仅仅取决于他的生理需要。这个阶段婴儿对母亲的依恋与之前对母亲的反应有着本质上的不同。在今后的亲密关系中，我们也会发现这种差异。如果伴侣中的一方因为另一方能给自己提供物质上的好处而爱他（她），那我们说这不是“真正的爱”。我们更看重不依赖于物质好处的爱，也就是对这个人本身的爱。尽管我们不能说在婴儿期孩子对母亲的爱与其生理需要的满足无关，但我们可以看到，当母亲这个人及其存在本身对婴儿就意味着满足时，那么这个婴儿对母亲的依恋就向第二阶段迈了一大步。

因此，正是在婴儿发展的这个时期，我们会说：“他正在成为一个人，成为一个真正的人！”毫无疑问，婴儿变了。从婴儿开始爱上自身之外的那个人开始，我们便觉得他变得像一个人了，他开始形成自己的人格。他以自身来证明，文明由爱而生。

就像所有“真爱”刚开始时那样，婴儿对母亲产生新的依恋也是排他和独占的。一旦母亲要离开，婴儿就会抗议。母亲在婴儿睡觉时离开，会导致婴儿最痛苦的啼哭。陌生人的出现也可能会让婴儿感到非常恐惧。所有这些都源于婴儿对母亲的爱。母亲对他变得如此之重要，以至于母亲的存在就意味着满足，母亲的离去会让他感到焦虑。这是因为，在婴儿依恋母亲的早期阶段，他会把母亲的消失或不在场当作是失去了母亲。婴儿还不知道母亲离开后会回来，他此时的行为就好像母亲会一去不复返，而他的世界会因此而变得毫无意义。

类似的情况在成年人的恋爱中也会出现。在热恋早期，所爱之人不在身边就好像失去了一部分的自我。“没有你我就活不了！”“我觉得自己像要死了一样！”“我失魂落魄！”所爱之人带来的这些感觉赋予自己存在的意义，影响人的自体感，这些与婴儿在对母亲早期依恋阶段所体验到的感觉非常相似。母亲是联结婴儿与外部世界的纽带。当婴儿与母亲分离，即便只是一小会儿，他也会感到困惑和不知所措，就好像他失去了刚刚找到的自体感。当母亲回来时，他才重新成为“一个人”，再一次发现自己。

因此，如果我们要问："宝宝什么时候第一次对外部世界感到焦虑？"答案是"当他第一次学会爱的时候"。对于诗人来说，这是一个谜！我们又一次呈现了这样一个事实：发展的这一过程会给婴儿带来难题，引发焦虑。有些婴儿在这个阶段会表现出轻微的焦虑，有些婴儿的焦虑可能会更强烈一些。但是，与母亲分离时的焦虑是婴儿对所爱之人早期依恋的必然结果之一。在随后的几个月中，这种焦虑会被大大地克服。

这个小婴儿早已开始解决这个问题。我们假设他有可以信赖的父母，他们能证明自己离开后确实还会回来。婴儿将在之后的探索中逐渐开始进行解决这一问题的其他步骤。8 个月的婴儿必须形成一个概念，即物体是怎么消失的！简单来说，不足 9 个月的婴儿似乎对物体的独立存在（物体的存在不取决于他看不看得见）没有丝毫概念。这些物体既包括他的父母和其他家庭成员，也包括他的奶瓶、玩具和家里的家具，总之，是在他有限世界里的任何东西。当这些物体从眼前消失时，他就认为它们不存在了。

你相信吗？让我们来看一些简单的实验。

消失的物体

你有一个六七个月大的宝宝吗？他有没有从你鼻子上抓过你的眼镜？当宝宝伸手去够眼镜的时候，你把眼镜摘下来，放进衣服口袋或沙发靠垫后面。你不用花心思偷偷摸摸地藏，要让宝宝看着你藏起眼镜。他不会去找眼镜，只会盯着你的鼻子，那是他最后一次看见眼镜的地方，然后就对此失去了兴趣。宝宝不去找眼镜是因为他想象不到自己看不见的眼镜实际上还存在着。

当宝宝到了 9 个月大时，你就别再玩这些老把戏了。如果宝宝看见你摘下眼镜藏在沙发靠垫后面，他会移开靠垫，一把抓起你的眼镜。他已经知道，被藏起来的东西依然存在！他会用目光追随你手里的眼镜，一直到它的藏身之处，然后兴致勃勃地找到它。这是婴儿在学习上迈出的一大步，但这一步很容易被父母忽视。在这个时候父母会发现，宝宝不但经常拿走自己的眼镜、耳环、烟斗、圆珠笔和钥匙包，而且还不善待它们。让我们先试试这个方法：让宝宝看着你把眼镜藏在靠垫后面，让他去找，并说服他把眼镜还给你，然后再把眼镜藏到另一个靠垫下面。这时，宝宝就会很困惑，他会在你第一次藏眼镜的靠垫下面找眼镜，但不会到第二次藏起眼镜的地方去找。这表明，当眼镜被藏起来时，婴儿能够理解眼镜还存在，但只存在于他第一次成功地找到眼镜的地方，而不会想到要去第二次藏眼镜的地方或者其他地方去寻找。在这种情况下，婴儿认为物体还是会消失的。几周之后，婴儿会将搜索范围从第一次藏眼镜的地方，扩大至第二次藏眼镜的地方。他用自己的方式发现，一个物体可以从一个地方被挪到另一个地方，但这个物体仍然会继续存在。

如果你的孩子在一岁到一岁半之间，而且你也戴着眼镜，那么你就尽量保护好你的眼镜，用一个旧钥匙包和宝宝继续玩这个游戏吧。在一岁半到两岁之间，只要宝宝的目光追随你的动作，他就能观察到物体从你手中被连续藏到两个地方。这意味着，你还有一次机会，但这可能是你最后一次在这类游戏中占上风了。

试试这样做：把你的钥匙包放进钱包里，拉上拉锁。让宝宝看着你做这一切，并让他找钥匙包，这对他而言是个老把戏了。这时，说服宝宝把他找到的钥匙包还给你，你把钥匙包再放进钱包里，接着把钱包放到沙发靠垫后面。然后，你偷偷地把钥匙包取出来——注意不要让宝宝看见你这么做，再放到这个沙发靠垫后面。之后，把空了的钱包拿出来给宝宝看。现在，让宝宝去找钥匙包。他会检查这个空钱包，试图在空钱包里找到钥匙包。宝宝看上去困惑不解，但他不会想到去那个沙发靠垫后面找，尽管他原先看见你确实把装了钥匙包的钱包藏在那里。宝宝不在沙发靠垫后面或者其他地方找钥匙包，是因为他没有看到你把钥匙包藏在那儿。也就是说，如果宝宝没有亲眼看见钥匙包的移动，他还是无法想象它存在于某个地方。

不过，此时宝宝差不多已经为这个发展过程的最后一步做好了准备。与他玩上几天这个消失的钥匙包的游戏之后，他肯定就能找到了。多玩几次他就会通过富有想象力的认知重建弥补视觉上的空白。他会建构这样一个事实：钥匙包在他不知道的情况下离开了钱包，但它仍然存在于某个地方。他会相当有计划地去寻找，而且他会找到它，还会自己确认，物体的客观存在不取决于他是否看得到它。对于一岁半到两岁的孩子而言，这是智力上的一次巨大飞跃，我们在后面的章节中将会看到，这种新出现的对客观事件的概念是怎样打开了孩子的理性思考之门。

一个生活在物体会消失的世界中的孩子，会以同样的意识感知他生活中的人。不仅是眼镜、钥匙包和泰迪熊会在他看不见的时候就不存在了，他也会用同样的原因解释他所爱的人——父亲和母亲，他认为他们如同梦中的人，会像幽灵一样出现和消失。而且，父母作为爱的对象与客观世界中的家具不一样，父母对孩子的生存和内心和谐必不可少。除非能够证明自己的所爱之人是永久存在的，除非能够确定所爱之人的存在与是否看得见他们无关，否则，当他们不在身边时，婴儿就会感到不安。这并不意味着 6 个月到一岁半的孩子一直处于焦虑之中，也并不是说父母必须每时每刻都待在婴儿身边给他安慰。孩子人格中健康的机制会发挥作用安慰他。在这段时间，他甚至能出色地运用魔法思维来安慰自己，所爱的人走了又会来。但母亲并不总是在他需要的时候在场，也并不是总能在他饥饿难耐时奇迹般拿着奶瓶出现，因此他的魔法念头并不总是有效，他那有关消失和重现的魔法理论经常会不起作用。在这些时候，婴儿就会出现或强或弱的焦虑。

除非这种焦虑非常强烈而频繁，真的扰乱了孩子的身体发育和人格发展，否则，我们大可不必为此担忧。这些焦虑通常会在孩子的发展过程中逐渐减少。当孩子逐渐构建起一个客观世界，在这个稳定而连贯的客观世界中，人和物的出现和消失、来和去都遵循其自身规律，他就能在心智上对环境加以控制，这能帮助他克服分离焦虑，他们也就能接受所爱之人的暂时离开。

世界是一块巨大的拼图

但愿没有人根据前文对婴儿和物体的描述就想当然地认为，9 ～ 18 个月大的婴儿是从一把静止不动的扶手椅那儿认识到物体永恒性的。因为婴儿探索外部世界的整个时期，都与其行动能力的巨大发展密切相关。

在出生 9 个月以后，婴儿不再只是欣赏眼前的风景，他还会参与其中。旅行会改变人的视角。例如，一位倚着沙发的 6 个月的宝宝或趴在地毯上的 8 个月的宝宝只能从一个角度看到椅子。这个月龄的婴儿甚至很可能把在不同时间从不同角度看到的同一把椅子当作不同的椅子，因为他们从每个视角看到的都是一样的椅子。就像你想自己制作一把椅子那样，你要去观察椅子的各个部分。那些想从新的角度观察家具的父母，应该与 9 ～ 10 个月大的婴儿一起，趴在地上四处看看。或许离你最后一次观察餐椅的反面已经很多年了。10 个月的婴儿就像是参观法国沙特尔大教堂的游客一样，怀着敬畏的心情，全神贯注地研究这一奇迹。目光一旦离开椅子的反面，他就会停下来跟某条椅子腿较劲，感觉它的弧度和光滑，还用自己的两颗门牙去咬一咬椅子腿，尝尝它的味道，感受它的质地。在接下来的几个星期里，他一直围着这把椅子转，直到他发现自己每次看到的各个形状是一个物体的不同侧面，这个东西我们把它叫作椅子。

在他周围的每个物体都必须通过这种方式在他的头脑中构建起来，直至将其各个方面结合成一个整体。他会花好几个星期的时间研究一只杯子，在他对杯子的本质进行研究时，用杯子喝牛奶是虽与杯子有关但却是最没意思的活动。他检查杯子的表面，探索杯子的内壁，发现它空无一物；为了听到杯子的声音，他将它“砰”的一声摔在盘子上。牛奶、橙汁或水从杯子里流到盘子、再流到厨房的地上，这些都给他的实验增加了乐趣。如果忙于用海绵和拖把收拾这种混乱局面的母亲不鼓励孩子进行这些实验，我们也很难去责备她，但婴儿也不会征求她的意见。他非常擅长为了自己的目的从母亲的手里拿来杯子并紧攥在自己手里，他对她干涉自己的实验非常愤怒。在他结束这些实验之前，他要从自己的研究和实验中（包括打碎杯子）发现杯子的每个特性，然后才会把注意力放在他母亲所喜欢的杯子的实际用途上。

我们几乎可以把婴儿对物体本质的研究涵盖到他能够拿到手的每样东西上。在如此短暂的时间里学习如此多的东西是一项异常艰巨的工作，我们的认知在以后的生活中很难再达到这样的规模。

婴儿探索的世界是一块错综复杂的巨大拼图，成千上万块的碎片被疯狂地乱堆在一起。他把这些碎片一块一块地拼成一个完整的物体，再把这些物体分组，直到在他的脑海中，自己生活的小世界形成了一幅相当有条理的画面。到 18 个月时，婴儿甚至开始给某些物体起名字。这种学习是了不起的智力成就，难怪每个父母都认为自己的宝宝是天才。他的确是天才！

就像所有的天才一样，婴儿不知疲倦地进行自己的探索。他陶醉于自己新发现的世界，贪婪地用自己的每个感觉器官去感受这个世界。他惊叹于用手指捏起的一缕灰尘。一片玻璃纸、一张废弃的锡箔纸、一截缎带都会让他兴高采烈。他着迷于厨房的碗柜，寻找藏在抽屉、废纸篓和垃圾箱里的“宝贝”。这种对探索的渴望就像是无法满足的欲望，无情地驱使着他。他疲惫至极但又无法停止。这种对感觉经验的渴望，就像他出生后头几个月肚子饥饿时对食物的渴望一样强烈而贪婪。但现在这个离一岁生日越来越近，或者说勇往直前迈向生命中第二个年头的孩子，几乎已经忘记了自己的肚子。没有你那些富含营养的鸡蛋羹、一瓶瓶的蔬菜泥和猪肝泥，他也能活下去。他简单地给自己补充了点儿能量，便大声敲打儿童餐椅托盘，要求你把他放下来。然后，他离开饭桌再一次开始他的伟大旅行。

是什么驱使他这样做？他这旺盛的精力来自哪里？毫无疑问，这是宝宝心理发育中最令人激动的新进展。但是，什么样的妈妈才有时间或精力来细心观察它呢？满世界地追着宝宝跑让这个曾经精力充沛的妈妈日渐消瘦、眼窝深陷。她觉得自己每天需要小睡两次才能恢复体力，而这个不知疲倦地满世界跑的小旅行家显然对任何小憩都没有兴趣，他手头有太多事情要做。孩子的母亲自然不会从心理学的角度对这些发展产生多少兴趣，如果她想跳过下面几行或者将这本书换成科幻小说来看也情有可原。

尽管如此，这是一个令人激动的发展过程，孩子的精力和目标有了奇迹般的转变。曾经只追求满足生理需求的精力，现在有一部分放在了追求身体之外的客观世界的物体上；曾经仅限于生理的饥饿，现在变成了对世界贪婪的探索。最初为了满足其生理需求而获得的母爱得到了扩展和分化，他开始拥抱他那越来越广阔的世界。宝宝爱上了这个通过母亲的爱而发现的世界，他的行为举止就像诗歌中所描绘的陶醉的情人那样，他发现这个世界因爱而改变，即使最常见的事物也变得无比美丽。

这个比喻可能有点夸张，但它并没有错，而且有严谨的科学依据。那些被剥夺了关爱的婴儿，那些生活在毫无生机的收容机构里的婴儿，他们难以被外界的物体所吸引，也找不到探索的乐趣和激动。他们拥有与其他婴儿一样的感觉器官，同样学习坐、爬和走，但由于没有人带给他们快乐，他们难以体会到身体之外的世界的乐趣。这些孩子在让人担心的漫长时间里（有时是永远）都处于小婴儿的心理状态。对他们来说，身体和生理需要仍然是生存的核心。由此可见，正常婴儿取得的不可思议的、从以身体为中心转向与外在物体产生联系的成就，不仅仅是生理成熟的结果，也是人类家庭通过爱的纽带取得的成就。

运动和独立的自我

如果我们仔细观察婴儿出生 9 个月后的两条发展线索，就会发现一个自相矛盾的现象。在婴儿表现出对母亲强烈依恋的时期，他几乎无法忍受与母亲的分离，但同时，他已经开始离开她！他开始爬，随着他开始独立行动，他与母亲身体上的联结也松动了。花了几个星期解决了爬行技巧上的问题（很多婴儿从倒退着爬开始，而且几乎所有的婴儿刚开始学爬的时候，都会发现自己的肚子贴着地）之后，宝宝就会斩断牵绊着他的“缆绳”，向新世界起航，让母亲的膝头变得空空荡荡。

但我们如何解释这种自相矛盾的现象呢？在同一个发展阶段，他走向母亲又离开母亲！如果对母亲的依恋如此强烈，如果分离焦虑如此明显，为何他不留在母亲安全又亲密的臂弯里呢？他为什么要不计后果地去冒险，深陷沙发底下的黑暗之中，被变幻莫测的灯光和坚硬的桌子“袭击”？如果我们必须外出去探索陌生世界，却发现在每个拐角处都被看不见的坏人猛揍一拳，我们就会谨慎地返回自己的故乡。此后，即使是最有说服力的旅行社也无法引诱我们迈进他们的门槛。但是，没有任何事情能挡得住婴儿这个小冒险家。在头上撞出一个大包之后，他仅仅会为了紧急处理而短暂停留——让母亲为他止住鼻子里流出来的血，或因为母亲的一个亲吻就高兴起来，又或者在母亲的腿上坐一会儿，然后又开始另一场与灯的决斗和与“坏脾气”的椅子的较量。

你不需要鼓励他，也没有必要激励他取得新的成绩。这是一个自我启动和自我延续的机制。我曾经连续3个星期观察一个18个月大的小女孩，看她如何降伏一辆顽固的茶点车。

> 她能够爬上茶点车底层的置物架，但当她这样做的时候，茶点车就会不听话地滑走。经过几天徒劳的尝试后，她终于学会了怎样从木质滑轮的后面而不是前面控制茶点车。现在，她爬上去了，但怎么下来呢？底层的置物架到地面的距离太高，她不能从上面爬下来，但如果由别人帮她下来又会伤她的自尊。她用自己的方式下来时，经常会把脸磕在地上。她一天要专注而坚决地玩这辆茶点车好几次。在她开始爬上茶点车的下层置物架时，她轻轻地抽泣着，我们觉得她已经预料到从上面爬下来的危险，以及会不可避免地把脸磕在地上。成年人看着她这样时心里很难受，父母试图阻拦她，吸引她去做其他活动。但如果有人要干涉她，她会大声抗议，她一定要去做。3个星期以后，她摸索出倒退着爬下来的技巧——把爬上

> 茶点车的方法反过来用。成功之后，她高兴得“咯咯”笑，在接下来的好几天里反复练习爬进爬出，直到熟练掌握。
>
> 从此，她开始了更大胆的行为，爬上楼梯的几级台阶，然后再多几级，更多些，直到玩腻了楼梯为止。她弄翻各种椅子，那些摇摇欲坠、砸在她身上的东西丝毫不能让她气馁。爬行和爬向高处的冲动是如此强烈，似乎没有任何障碍或意外事故可以阻止她。

所有这些行为都为婴儿学会直立行走打下了基础。爬行的婴儿学会抬起身子形成直立的姿势，并开始越来越长时间地保持这个姿势。之后，还需要过很多个星期，婴儿才能独自站立一小会儿。然后，还需要更多的时间，他才能独立地迈出他人生中的第一步。一切就像人类进化过程那样不可避免地展开了。但请想一想，在这个过程的每个阶段，都会出现碰撞、流血和摔倒等意外，当我们想到这些时就会认为孩子能够保持直立姿势真的是一种勇敢的行为。

是什么驱使他这样做的？这种驱使他向上的强大力量是远古祖先们的遗产，他们学会了用后腿保持身体平衡以便于用前肢干活。从很大程度上来说，这是一种要摆脱环境束缚的生理本能。让人好奇的是，即便是贫穷的收容机构里无依无靠的宝宝，似乎也与被家人照料的婴儿一样同时学会了坐、爬、站立和行走。但在其他依赖于强有力的人类联结作为刺激物的发展领域里，这些收容机构里的婴儿会出现严重发育迟缓。可见，婴儿的这种奋力站起来的欲望是如此强烈，即便一再经历独立行动的每个阶段必然会发生的危险和身体伤害，即便这样要放弃妈妈的保护，他们依然会继续向前。事实上，克服这种焦虑的办法与产生这种焦虑的办法完全一样。正是通过反复地去爬、攀登、站立、行走，才能最终战胜危险，而达到这些目标所取得的成就会逐渐消解焦虑。

在孩子练习直立的过程中，他的个性发生了变化。超负荷工作的母亲们通常意识不到孩子个性上的这种变化，但她们会发现宝宝原有的习惯很难维持。过去，给宝宝换尿布只需要“一、二、三”就能搞定，而现在得有两个助手才能完成。首先，你得抓住你的宝宝；然后，要把他仰面朝天摁在床上，此时他会大声抗议。你抽出湿尿布，哼唱着他最喜欢的小曲。在摘掉尿布的一刹那，宝宝熟练地一个翻身坐起来，冲着你咧嘴乐或者爬向另一个方向。你不得不重复第一个步骤。给他一个玩具玩，你得快点儿，因为你看，他又坐起来了！

发生了什么事？就在几周前，他还觉得你的歌声很美妙，除了你的歌声之外，几乎不需要用其他东西，你就能让他在换尿布的30秒里静静地躺着。但现在，只要后背一碰到床面，他就立刻蹦了起来，就像身体里有根看不见的弹簧被松开了！

这一定与试图保持直立姿势有关。他无法忍受仰面朝天、被动地平躺着，在最不可抗拒的强烈需求的驱使下，他要直起身子。同一种欲望也驱使他攀爬、站起来，他整天一遍遍这样做，直到自己筋疲力尽。这是婴儿挑战地心引力的内在需求，并非向母亲挑衅。

就在不久前，无论白天还是晚上，他都很容易入睡，还没上床就已经在母亲的臂弯中打瞌睡了。但现在，不管他有多困，一旦被放进婴儿床，他就可能会愤怒地反抗，用尽力气扶着栏杆站起来。坦白地说，这个例子可能不太恰当，因为对这个阶段的婴儿而言，睡觉意味着要与所爱之人，以及新发现的世界的所有乐趣分离，因此他们痛恨午睡和睡觉。但在运动发展阶段的前后，还有一个因素经常会出现，很有必要把它与其他因素分开考虑，那就是：行动能力对这个年龄段的孩子如此重要，他无法忍受对这种行为的阻碍和限制，即便是通过睡眠这种另一个生理过程也不行。

孩子在独自行动中，会体验到与这些冒险有关的一些焦虑，这本身就是他掌握运动技巧和克服焦虑的手段之一。婴儿的行为与我们成年人开始学习一项新运动项目，比如滑雪这种有一定风险的运动项目时的行为没有什么不同。新手摘下滑雪板时，可能会感到十分焦虑，会在心中回味第一次的冒险之举。他觉得必须再回到滑雪板上吸取上一次的教训，一次又一次地练习，直到完全掌握滑雪的技巧并克服危险为止。晚上他难以入睡，他躺在床上想象着滑雪的情形，由于心里在重温白天所发生的事，他的肌肉会不由自主地重复全套滑雪动作。

掌握了直立技巧的婴儿，他的行为举止与初学滑雪的人类似。他觉得必须成百上千次地重复某种活动，直到自己掌握这个技能并克服了焦虑。当我们把他放到床上午睡或睡觉时，他经常显得很难“舒展”身体。如果当他安静下来（或者无法安静下来）准备入睡时，你偷偷瞟一眼他的房间，就可能会看到，虽然他已经疲倦得东倒西歪、睁不开眼睛，却仍然爬来爬去试图站起来，又因为精疲力竭而突然倒下，接着又尽力往前爬。他不停地重复这些动作，直到最后再也站不起来才坠入梦中。有一对夫妇发现，他们 18 个月大的女儿在这个掌握技巧的阶段有好几次在睡梦中爬来爬去。晚上十一二点时，他们能听到从孩子的房间里发出的轻微的声音，一走进房间就会看到孩子一脸茫然、神志不清地站在婴儿床上，她已经困得无力反抗父母让她躺下睡觉的要求。在娴熟地掌握了直立的技巧之后，这个小女孩才放弃了睡梦中的练习。

婴儿第一次不需要任何支撑物站起来，摇摇晃晃迈出人生的第一步，这既是他动作发展的里程碑，也是他人格发展的里程碑。这既需要勇气，也需要他独立完成。因为这个年龄段孩子所害怕的并不是跌倒之类意外情况的发生（他能够欣然接受这些小小的摔倒和肿包），而是害怕失去支撑。到了这个时候，他已经能通过扶着另一个人或者家具练习直立或行走。在这个需要支撑物的阶段的末期，婴儿依赖的只是象征性的支持，他把轻轻触碰母亲或父亲的手当作“支撑”，实际上，他完全是用自己的身体保持平衡。但他还没有准备好断开与母亲对他起支撑作用的手的这种象征性的接触。当他松开母亲的手迈出第一步时，通常会借助另一种看得见的或已知的支撑办法，比如另一双手或者附近的桌子和椅子。几周后，当他真的松开手，自己迈出五六步时，常常还会用滑稽的姿势保持着象征性的接触。我认识一个小女孩，她两只手紧紧握在一起，勇敢地蹒跚迈步。你会注意到，在宝宝学会走路的这段时间，他喜欢抓个东西在手里。

因此，**婴儿的直立行走代表真正地斩断了另一头系在母亲身上的缆绳。在孩子独自迈出人生的头几步时，他肯定感受到了庄严而又可怕的孤独**。所有的这一切都被我们忘记了，我们只能通过在以后生活中发生的类似的事情来再现这种情形。这肯定就像是我们第一次站在跳台上跳水或者第一次独自开车时的情形。你脚下的跳板弹起或者你发动汽车，轮胎转动离开路边，随之而来的是一种可怕的孤独感，一种时间停滞的感觉。在那一刻，你的自我觉察会增强，你会油然而生一种在空旷的世界中完全无依无靠的感觉，这种感觉既刺激又令人恐惧。对于这个因独自迈出第一步而发现自己能独立行走的孩子而言，这一刻必定让他第一次深刻地感到他的身体和他这个人的独特和独立，让他发现了一个独立的自我。

独立行走和发现新的自我宣告婴儿的人格发展进入了一个新阶段。这个步履蹒跚的小家伙对自己新取得的成就很得意。他表现得好像是他发明了这种新的行动方式（严格来说，的确如此），他因为自己如此聪明而深爱自己。从黎明到黄昏，他像个醉汉一样欣喜地四处转悠，直到疲惫不堪地倒下后才罢休。房间四壁已经无法再圈住他，被栅栏围起来的院子对他来说如同监狱。假如场地没有限制，他会张开双臂摇摇晃晃走向世界的尽头。只要给他一点点机会，他就可能会这么做。

违拗期来了

这种田园牧歌般的生活场景，在出生后的第二年需要进行一些调整。这种像个兴高采烈的野蛮人飞一般穿过天堂般的岛屿的画面，没有考虑到文明对他的影响，文明或多或少会妨碍他的一些乐趣。

父母给兴高采烈的小婴儿带来了文明。父母养育他，让他离不开自己，引诱他发现他们的迷人世界。过了一段时间，父母脸上带着推销员那样的笑容来推销更高级的文明。

在婴儿 8 ~ 15 个月的某个时候，父母向他推销杯子，说杯子比乳房或奶瓶要更新奇和方便。当婴儿开始把杯子当作文雅的就餐工具和某种品位的标志时，他们改向他推销卫生观念，以及使用坐便椅和冲水马桶的礼仪，并让他相信这会让他的文明程度更上一层楼。同时，他们手里还握着一张迅速加长的清单，里面的内容都会干涉他那简单的快乐。他们敦促他割舍旅途中发现的宝贝，那些生锈的螺丝钉、烧焦的玉米芯和干枯的苹果核。除非他知道上哪儿去找它们，要不然这些东西是非常难找的；他们未经请求就跑来救援，以阻止他爬向神圣的高地、蹚过污黑的水坑或者追逐家中宠物狗摇晃的尾巴；他们永远带着一片干净的尿布、一堆洗干净的衣服和伪善的微笑引诱他离开自己正在做的一切事情，去做他们想让他做的事情，而那些事情必然是很无趣的；他们时刻准备干涉他从倒空垃圾箱和废纸篓中收获快乐；而且他们还明显出于自己的原因，在最不恰当的时刻建议他去午睡或者睡觉。

固然，为了把文明传授给很明显需要它的小家伙们，这些干涉是必要的。但从婴儿的角度来看，这些人类文明大多数根本没有任何意义。他只知道自己某种非常重要的兴趣被它阻挠了。由于父母和他说的甚至不是同一种语言，在一段时间里他会一直很困惑。

婴儿会抵制外界对他的调查研究和创意的干扰，这让他背负上“违拗”的名声，因此我们可以将出生后的第二年称为“违拗期”。从缺乏语言作为表达手段的蹒跚学步儿的立场来看，这不是很公平。如果他有一名好律师，他就能很容易地证明，大多数违拗行为是这些文化传递者导致的，并且，他的“违拗症”的本质是对他们的“违拗”的违拗。

尽管力求公平，但我们也得从文化传承者的角度考虑一下。让孩子放弃乳房或奶瓶而使用杯子，让他学会用坐便椅和控制大小便，这些是必要的；出于卫生的原因，让他放弃自己的很多宝贝也是必要的；攀爬书架和梯子对他来说很危险；每天清理好几次厨房地板上的垃圾很麻烦。即使一个蹒跚的学步儿认为自己能连续走好几小时，也必须让他上床睡觉。

无论如何，这些教育目标都是必须实现的，但要找到教育手段就不是那么容易了。不久前，甚至在9个月到一岁的这3个月里，宝宝们还很愿意和我们做交换。如果我们给他一把勺子或者将一块积木放在他手里，他会高兴地放弃生锈的螺丝钉。由于这些东西本身没有什么价值，因此几乎任何物品都可以取代另一种物品。也在同一时期，他与母亲的身体和母亲这个人的联系仍然是如此紧密，以至于他难以区分自己的目的和她的目的。如同一位被舞伴微妙动作引导的舞者一样，婴儿很容易跟随母亲的动作。

但在出生后的第二年，这个在身体上已经脱离母亲，并日益意识到自己身体和人格独立性的孩子就不再是一个被动的舞伴了。他有自己的节奏和风格，似乎常常很看重自己与母亲的不同以及自己不合拍的舞步，仿佛这代表着他的个性和独特性。跟母亲对着干很吸引他，让他觉得自己很有个性，好像他的独立以及与母亲的分离都是通过反抗来建立的（若干年后，他在青春期将做同样的事情。他将通过反抗父母或父母那代人所赞同的每个观念和原则来宣布自己的独立。）。

这个只能说几个字的学步儿无意中发现了“不”这个词，他把它当作无价之宝收藏进自己的字典。他几乎对向他提出的任何问题都断然说“不”。常常，他兴致勃勃地发出“不”这个音，但并没有一点拒绝的意思，甚至代表着相反的意思。他喜欢洗澡。“托尼，你现在想洗澡吗？”“不！”他兴高采烈地回答。早上，玛吉迫不及待地想要出门。“玛吉，我们现在要说再见了吗？”“不！”这是怎么回事？他们没搞清楚意思？完全不是。他们非常清楚“不”的含义。这是一种政治姿态，常见于政客们在对某个议案进行投票时用“反对”这种态度来保持自己政党的独立性。可以用《国会记录》（*Congressional Record*）的语言解读这段话：“我希望从一开始就申明，在对洗澡修正案和户外活动修正案投出自己的这一票时，我没有受到支持这些修正案的强大利益集团的影响，我只是在履行自己服务于人民的最高利益的职责。在这种情况下，我有义务对洗澡修正案和户外活动修正案投赞成票，因为它们代表了人民的最高利益，而且，我喜欢洗澡和户外活动。”

但是，不要因此就觉得学步儿每天大部分时间都处于违拗状态。“违拗期”这个词的问题就在于它歪曲了儿童发展的全貌。**儿童在出生后第二年的主要特征并非违拗，而是努力成为一个人，并建立与世界的永久联结。**当说到学步儿的“违拗症”时，我们必须记住，他还是一个陶醉在自己各种探索中的孩子，一个通过爱的纽带与父母及其新发现的世界紧密相连的快乐的孩子。所谓的违拗症只是这个发展阶段的一个方面，但通常它不会变成无政府状态。这是一个独立宣言，但他并不打算推翻政府。

如果把这种违拗行为当作一场对养育的反叛，并且大张旗鼓地镇压叛乱，我们将会在孩子出生后的第二年陷入巨大的麻烦之中。如果我们把每次换裤子、寻宝游戏、午睡、蹚水坑和抛垃圾都演变为政府危机，就很容易在养育过程中引起孩子的强烈反抗、大发脾气和各种激烈的违抗。但是，这些违抗在宝宝出生后第二年并非不可避免，它们在第二年的“违拗症”中也并非一定会出现。这种全面的反抗是孩子对外界过多的压力或者强硬控制的一种反应。

在对宝宝出生后的第二年有了深入了解之后，我们可以把违拗症看作是孩子的一种独立宣言，政府不必为之惊慌，也无须召集国会举行特别会议、制定新法律或炫耀武力。可以允许公民对换裤子之类的事情表示反对（无论如何，那是他的裤子），政府可以在这类事情上行使特权，但不要引发危机。由于这位公民弱小且不安，甚至还不会说自己的母语，政府需要用巨大的天赋和耐心才能完成这件事情。但如果不把它视为反对政府的阴谋，他最终会与我们达成共识：换裤子不过是寻常之事，不会让他丧失自我或者人权。因此，不要打压这种新出现的独立精神，而是要把它引向其他方面，鼓励他将这种精神运用到有益于其人格发展的地方，理智地约束自己并遵守禁令。如果错误地把这个违拗阶段视为一场危及政府的革命，而不是孩子发展过程的一个阶段，我们就会陷入与孩子的斗争之中。这种斗争可能会持续很多年，常常导致孩子的行为举止就好像如果他屈服于父母任何小小的要求就会危及他做人的尊严一样。

第 18 个月

出生后第二年的中期是儿童发展的又一个里程碑，这个里程碑有时候会早一些到来，但通常是晚一些才到来。孩子开始学会说话，语言能力的出现标志着一个新时代的开始。**有了语言能力，孩子就能够从原始思维系统（图像思维）转向第二阶段更高级的思维模式，文字符号将在这个阶段占主导地位。**日后，人们正是运用这种思维模式进行复杂的逻辑思维或有序思维。我们会在后面的章节中讨论语言对儿童发展的一些影响。

我们的故事从出生一个月的新生儿开始，他还没有从出生后的漫漫长睡中醒来，他和世界的短暂接触是由他迫切需要满足的生理需要引起的。他拥有感觉器官但无法区分各种感觉。他的大脑几乎一片空白，还不能保存和再现图像，也就是说，他还没有发展出记忆能力。他的世界一片混沌，与陷入没有知觉的沉睡并没什么不同。

到了第 18 个月，这个婴儿会四处走动了，他学会了少量但有用的词汇（只够要到一顿饭或与父母讨价还价）。他已经接触到某些人类的根本问题，比如现实、主观经验与客观经验的本质、因果关系、爱的变迁，而且他对每个领域都进行了大有前景的研究。如果他与我们这个世界的初次相遇，再一次激发了他一天沉睡 20 小时的渴望，我们会很容易原谅他。但这个小家伙直接冲进密集的人类活动中，推翻了所有有关人类惰性的看法——睡觉？不可能！

在已经诱使他体验了这个世界的感官乐趣、让他全身心地拥抱这个世界之后，我们再试着把这些从他那里拿走，并把他送回到黑暗之中。睡觉？可是你看他的眼睛都睁不开了！他疲惫不堪。他愤怒地朝伸向他的双手进行反抗，大哭大叫，强打起精神尽力撑住摇摇晃晃的身体，向这些夺走他光明而美丽世界的“坏蛋”抗议。他在黑暗的房间里，在自己的婴儿床上，谴责他恶魔一般的父母，然后以富有感染力的声音请求减轻惩罚。他英勇地战斗，渐渐败退，然后向他的敌人——睡眠，投降。

爸爸妈妈注意啦!

- 如果婴儿被抱着，他就更能忍受出生后头几周的不适感。早在婴儿能识别人脸之前，他们就本能地知道父母是自己的保护者。
- 从婴儿发现母亲是自己之外的另一个人起，他便开始了大量的“学习”。为了做到那些对我们成年人来说很寻常的事情，他要进行数百次的尝试。
- 婴儿早期获得满足的主要来源是母亲，母亲代表着“这个世界”。就像所有的“真爱”刚开始时那样，婴儿对母亲产生的依恋也是排他和独占的。

THE
Magic Years
03

与文明格格不入

宝宝哭了，抱还是不抱

了解一个婴儿在某个阶段以这种方式体验世界，在另一个阶段又以另一种方式体验世界有什么用呢？为了成为好父母，我们需要掌握婴儿发展的这些细节吗？严格来说，没有必要。无论是否具备儿童发展方面的知识，好父母都能应对。但我相信，了解这些知识能让养育孩子变得更容易。在面对孩子让人无法理解的行为时，即便是最优秀的父母也会感到不安、困惑和焦虑，这些知识至少可以部分地缓解这些情绪。此外，这些知识还很实用，能指导父母处理棘手的情况，帮助孩子解决各个发展阶段会遇到的典型问题。

让我们先举一个例子，这是 0 ～ 3 个月婴儿的父母很可能会面临的一个现实问题——新生儿让他们饱受折磨。情况是这样的：婴儿断断续续哭了好几个小时。他在大吃一顿后打了个盹，一小时后就醒了，呜咽着、烦躁地哭起来，然后尖叫。如果母亲抱着他，他可能会平静一会儿，但很快又开始大哭大喊。他没有生病，也并非急性腹绞痛，假设医生检查后也没有发现任何问题。那这是怎么回事呢？“他一定是饿了。”母亲说,但她又疑惑地想起来，他刚刚才大吃过一顿。母亲又喂了他一次，但很快就发现这根本不是他想要的。但如果他不是饿了，为什么他的小嘴在做吮吸的动作，看上去是想让嘴里有点什么东西似的?

我们需要一个理论来解释这个现象。先来看看旧理论吧:“他被宠坏了，他只是想得到关注。他把哭当作武器，作为达到目的的手段。”这个理论基于这样一个前提:一个不到三个月的婴儿已经具备足够的心理能力，能实施与父母作对的阴谋，让父母睡不好觉、残暴地对待父母让自己感到愉快。为了执行如此残忍的计划，这个婴儿必须:(1)有思想;(2)具备感知客观世界中发生的事情的能力;(3)至少能理解因果关系。我们所知道的有关三个月以下婴儿心理能力的知识，不支持这个旧理论。这个月龄的婴儿还无法形成“自己的行为能影响客观世界中发生的事情”的想法，因为他既没有思想，也不具备与客观世界有关的自我知觉。

再来看看另一个理论，这个理论考虑了这个年龄段的婴儿的需要及其所具备的能力。在这个阶段，他的行为仍然被迫切的生理需要所驱使。他表现出来的任何烦躁不安都是因为身体器官的疼痛和不适引起的。无论是器质性疾病，还是生理需要没有得到满足，都会让他感到疼痛或不舒服。我们已经排除了器质性疾病是导致这种烦躁不安情绪的首要原因，因此需要检查一下是不是他的生理需要没有得到满足。由于已经排除了饥饿的可能，所以还要做进一步观察，但这个“小病人”又不会说话。

我们在他哭的间隙观察他的行为。当他不哭时，他的小嘴做出急切吮吸的动作，有时，他会把手放进嘴里使劲吮吸。这表明，他那未能得到满足的需要可能与吮吸有关。但这怎么可能呢?我们不是确定他已经吃过了、不饿了吗?是的。但我们还知道，婴儿把吮吸视为一种独立于饥饿的需要。这种需要大部分时候可以通过吃奶得到满足，尤其是母乳喂养的婴儿，因为他们必须在每次吃奶时用力吮吸。但很多婴儿即使在吃过奶之后，吮吸的需求仍然没有得到满足，这就会使他的嘴里有一种令他难以忍受的紧张感。正是这种紧张感导致了我们前面所说的烦躁不安。由于这种需要非常特别，我们会发现，抱着宝宝走动，喂他吃更多的东西，以及任何常用的安抚方法都起不了什么作用。

如果这些分析是对的，如果婴儿的这种痛苦是来自吮吸需要未能得到满足，那么，除了吃奶，再给予他更多的吮吸机会应该能缓解这种不舒服的感觉。近些年来，一些善于观察的儿科医生开始给那些吮吸需要似乎没有得到满足的婴儿使用安抚奶嘴。结果，除了极少数的婴儿之外，这个长期困扰父母和儿科医生的问题很快就消失了！

但是，这样会不会导致婴儿养成使用安抚奶嘴的习惯呢？著名育儿专家本杰明·斯波克博士一直推广使用安抚奶嘴，把它作为处理婴儿这种特殊需要的方法，他表示，很少有婴儿会养成使用安抚奶嘴的“习惯”，事实上，当婴儿的吮吸需要开始减弱时，大多数正在使用安抚奶嘴的婴儿便开始对它失去兴趣。我观察到，大约在三四个月之后，那些使用安抚奶嘴的婴儿对它的兴趣会减弱，这与我们观察到的婴儿的吮吸需要在这个阶段开始变得不那么强烈和迫切相一致。此时，父母可以逐渐减少使用安抚奶嘴的次数，并看看他是否可以不用安抚奶嘴。如果他看上去仍然需要它，可以让他暂时再用一段时间。

我认为，只有当我们在以后的几个月中一直使用安抚奶嘴，而且把它当成让婴儿安静下来的法宝，在使用安抚奶嘴这件事上我们才会遇到麻烦。在6个月到一岁之间，婴儿不大可能还需要安抚奶嘴来满足其额外的吮吸需要。如果他仍然使用安抚奶嘴，那很可能是由其他原因导致的。可能是因为忙碌的妈妈发现，把安抚奶嘴塞进婴儿嘴里很容易让他安静下来。这就有可能让婴儿把安抚奶嘴当作一种万能的慰藉物来依赖，我们并不鼓励这一点。

安抚奶嘴满足了婴儿强烈的吮吸需要，这个例子很好地证实了理论与实践的关系。如果不知道或者误解了婴儿烦躁不安的原因，我们找到的办法可能就起不到效果。如果依据旧理论，认为婴儿是个狡猾的家伙，躲在婴儿床的围栏后面密谋着推翻父母，那么，我们将从镇压一场革命的角度来处理这种烦躁不安。事实上，这一幕就发生在30年前的育婴室里。在面对一个不饿也没有尿湿或生病，但却哭叫不止的婴儿时，用心良苦的父母围在育婴室的门外，英勇地抵抗着房间里孩子哭声的猛烈冲击，父母之间相互鼓励以免会有人软弱地投降，因为如果他们退让一步，就有可能让孩子形成叛逆的性格。谁是这个家庭的主宰就取决于今晚。

如今，我们一回想起以前训练婴儿的这种情形便不寒而栗。从现代育儿观念来看，父母与三个月大的婴儿的战争所取得的这种胜利，既不光彩又没有意义。虽然这个年龄段的婴儿还不会有意识地对某事怀恨在心，但他们在这个阶段的强烈需要也不会因为父母的愿望而转移。如果婴儿的需要被拒绝，其紧张感就会提高，而且会通过哭闹、焦虑不安、进食障碍、排泄障碍或睡眠障碍释放出来。说到底，本能在婴儿早期仍然会取得胜利。在20世纪20年代奉行“让宝宝哭”的育婴室里，没有什么办法能够解决这些问题。本能以报复性的方式通过加重婴儿那些由未被满足的需要所引发的障碍表现出来。**对于很小的婴儿来说，无论过去还是现在，他们都不可能做到“自律”，因为他们还没有能力与我们合作，控制自己的内在需要。**

按需喂养还是按时喂养

或许你还记得我们曾在20世纪二三十年代尝试过训练婴儿的胃。“按时喂养”源于这样一个心理学假设：宝宝一出生，性格就开始形成，有规律的喂食会为宝宝日后坚强的性格打下基础。“4小时喂食法”基于对婴儿的一项观察：宝宝在出生后的第一个月里，一般每隔4小时左右就会醒来吃东西。那些身体内有一个瑞士钟表并且非常符合统计平均值的宝宝或许不会因为这种异想天开的科学受太多的苦，除非他轻率地把时间从标准时改成夏令时，或者从东部地区跑到中部地区，在这些情况下他也会有麻烦。但是，对于那些肠胃功能以另一种时间系统工作或者根本不遵循任何时间体系的“无党派人士”和“激进分子们”来说，在当时他们可谓身处水深火热之中。训练这些不守规矩的小家伙，让他们的胃遵循平均时间来工作成了当时尽职尽责的父母们的一项事业。在那个时代，一个好妈妈就要对孩子的哭喊充耳不闻，咬紧牙关，等到钟表的指针指向某个允许给孩子喂食的钟点。家庭杂志以严厉的语气告诫父母们，向宝宝异常的胃口“让步”会有严重的后果。这种让步是溺爱孩子，会导致孩子今后性格扭曲。

这种理论的拥趸们能证明，不管宝宝原本的习性是什么，经过一段时间之后，大多数宝宝的饮食时间都能被调整为标准时间，即 4 小时喂一次。这看起来像是证明了人的可塑性，但事实是，即使没有按钟点或按这个异想天开的理念训练，大多数婴儿在出生两三个月后，也会自然形成大约每 4 小时进食一次的习惯。这与婴儿出生时的大小，每个特定的婴儿的生长需要和其他许多因素有关，但当前的证据似乎都表明，成年人依靠钟表的精心安排并不能达到这个效果。

这种让婴儿的肠胃按照规定的时间运转的实验引发了始料未及的后果：婴儿在出生后的头几个月，家庭里就出现了围绕食物的斗争，几年之后，家里的餐桌上也常常爆发关于食物的战斗。20 世纪二三十年代，在儿科医生和儿童行为辅导诊所里的病例中，孩子的吃饭问题始终位列前茅，被抑制的本能开始报复。

如今，当宝宝有了饿的迹象时，父母就会喂他。如果读者对此感到司空见惯，我要提醒你，我们花了 20 年的时间进行改革才有了这一切。现在的婴儿有一个未经改造的胃，在这种养育方法下他茁壮成长。他与母亲的关系比按钟点喂食的母婴关系更为和谐，因为他的母亲消除了他的饥饿感。而且，由于食物和获得食物不再引起母婴之间的争斗，儿科医生那里和儿童诊所中的喂养问题也大幅度减少。

一位谨慎的母亲可能会问：“我们怎么知道现在的理论更好呢？育儿理论现在变得像流行时装一样，我们怎么知道按时喂食理论明年不会改头换面、卷土重来呢？”

在考察了过去25年中育儿方法所出现的离奇转变之后，父母们有权提出质疑。但什么是好的理论？毕竟，理论并非时装。科学理论源自观察，而且只有通过了严格的实践检验的理论才是有效的理论。我们之所以说前面介绍的20世纪20年代推行的婴儿喂食理论不是个好理论，是因为它并非从大量观察中得来的。这些理论的不足之处还在于，他们假定婴儿的身心能力不能通过观察婴儿得到证实。过去和现在所有可靠的信息都表明，刚刚出生几个月的婴儿还尚未形成让自己延迟消除饥饿感或抑制胃口的心理过程。婴儿饿的时候一刻也等不了，他很迫切地需要吃到东西，这种生物学意义上的强化是为了确保婴儿的生存。拒绝满足这种需求是在与婴儿最基本和最强大的本能作对。一旦掌握了这些信息，不必进行大规模的实验我们就能预测，拒绝及时消除婴儿的饥饿感会让他感到极其无助和痛苦，并会导致他与母亲的冲突。

我们认为当今的婴儿喂养理论更好，是因为这些理论严谨地考虑了婴儿的天性和与生俱来的能力；是因为它们成功地通过了实践的检验。遵循现在这个理论的喂养方法能促进母婴关系的和谐，大大减少儿童出现严重喂养障碍的情况。

当然，当今的婴儿喂养方法其实根本不是什么新鲜玩意儿，它们几乎与人类历史一样悠久。所谓新，是指我们给这些源自实际经验的方法提供了科学依据。还会出现婴儿喂养的新风尚吗？除非我们决定忽视大量有关婴儿发展的科学信息，除非地球上出现了一种新型婴儿，否则，这些方法就不太可能被大幅度地修改。

那么，为什么要如此大费周章地讨论新旧育儿理论呢？这样做是为了间接地指出本书真正的重点：育儿方法不是（或者说不应该是）一个心血来潮的念头、一种流行时尚或口号，它应该基于对成长中的孩子以及孩子各个发展阶段身心能力的理解。此外，在每个发展阶段，我们也都需要了解孩子是否已经准备好按照父母的期望适应、学习和调整他的行为。

如果遵循上述原则就会发现，并没有哪种育儿方法适用于所有的孩子，只有针对某个孩子在其发展过程中某个阶段的育儿方法。而适用于这个发展阶段的方法可能完全不适合在另一个发展阶段使用。例如，照料出生后几个月的婴儿的原则是满足他的全部需要。但如果用这个原则养育两岁或更大的孩子，我们就会培养出一个以自我为中心、极端依赖、没礼貌的孩子。显而易见，小婴儿与大孩子在能力上有差异。我们之所以尽可能地满足小婴儿的全部需要，是因为他们完全依赖于大人，而且没有办法控制自己强烈的需要。随着孩子身心能力逐渐成熟，他越来越善于调节自己的生理需要和控制冲动。随着他自我控制能力的显现，我们会增加对他的期待，还会相应地改变养育方法。

婴幼儿出现的大量问题都发生在向新发展阶段过渡的关键期。正如我们在前一章所看到的，婴幼儿的每个主要发展阶段都会给自己和他们的父母带来新的问题。对母亲的强烈依恋导致孩子在与母亲分离时会出现一段时间的焦虑。婴儿独立行动能力的出现以及他们力争保持直立姿势的愿望，导致只要他们的身体活动受到限制，就会引发焦虑和典型的行为问题。婴儿在一岁以后随着身体的独立而萌生的自我独立意识带来了一段违拗期。社会文化要求婴儿在一岁以后断奶并进行如厕训练，这引发了与之相关的一些问题，因为原本追求快乐的孩子如今却被要求适应外部世界日益强加给他的诸多限制。

每个孩子都会用自己的方式呈现由新的发展阶段引发的问题。在这些阶段，孩子可能会出现暂时的进食障碍、睡眠障碍和行为障碍。因此，再把“进食问题”、“睡眠问题”或“违拗行为”视为不同类型的障碍来讨论就没有什么意义了。我们应该讨论的是“发展带来的问题”，并分析进食、睡眠或行为障碍在引发这些问题的那个发展阶段中所代表的意义。如果运用这种方法，我们将会发现，这些障碍对孩子的每个发展阶段都有特殊的意义，才能更好地理解它们，从而找到解决问题的办法。

理解宝宝的分离焦虑

在前面的讨论中我们已经看到，通常 6 ～ 9 个月大的宝宝在与母亲分离时会出现一些焦虑反应。不过，宝宝们的分离焦虑程度差别很大，有的宝宝可能只有很轻微的焦虑，有的却可能相当严重。情况往往是这样的：哪怕母亲只是离开一小会儿，宝宝也会抗议；他抱怨母亲在另一个房间里做事；宝宝不愿意别人来照顾他；他拒绝晚上睡觉，白天也不愿意午睡，因为这些都意味着不得不和母亲分离。

这些发展问题与婴儿对母亲的强烈依恋，以及在母亲离开时担心失去母亲的原始恐惧有关。如果婴儿看不到母亲，他的原始思维便认为母亲不存在了。婴儿需要形成这样一个概念：无论自己是否看得见母亲，母亲都是永远存在的。但在随后的几个月内，婴儿还无法形成这样的概念，在此期间，他将会遇到难题，他的父母也是。

当然，在形成这个概念之前，婴儿并非一直闷闷不乐。在这段时间，他通过大量的实验积极探索母亲消失和重现的问题。如果在这些实验中，婴儿不把父母作为主要的实验对象，那这个小小科学家所表现出来的科学探索精神着实令人钦佩。如果他仅限于白天研究这些问题，我们也会觉得轻松很多。但不管婴儿的研究多么卓有成效，对父母而言，要在凌晨两点证实自己的永恒存在真的很难！要让他们把自己叫醒就已经够难的了。

在这段时期，父母和宝宝都会面临一大堆现实问题。我们将如何处理宝宝对分离的这些反应呢？母亲应该一直陪在宝宝身边以让他安心吗？即使能做到这一点，结果又会怎样呢？宝宝或许体验不到焦虑，但他也无法学会让自己克服分离恐惧的办法。那么，我们应该怎么办呢？

有经验的妈妈们已经明白，没有必要在婴儿，尤其是这个年龄段的婴儿每次哭叫或抗议时都冲过去安慰他。9 个月到两岁之间的婴儿，在不感到无助或惊慌的情况下能忍受少量的不适和焦虑。通常，在面对一些小挫折或母亲的暂时离开时，宝宝会抗议和哼哼唧唧着表示不满，但无须安抚，这些不满过一会儿就会消失。对于年龄更大一点的宝宝而言，即便是晚上睡觉前例行的抗议和愤怒的哭闹，父母也不一定需要去探视。也许等一会儿，不用我们去安抚，这些声音也会渐渐消失。但是，如果婴儿的哭叫是另一种类型，如果我们感到他有一种不寻常的焦虑或惊恐，那么，就要明白他确实需要我们，此时，我们应该过去安慰他，让他安心。

来看看从这里是否能找到一个可以指导我们的原则。月龄大一点的婴儿发现与所爱的人分离很痛苦，我们理解这一点，并给予他抗议的权利。同时，如果这种痛苦和不适感并不过度，那么这些是他可以学着去忍受的。我们需要帮助他应对少量的不适和挫折感，如果迅速地安慰他，他就没有必要发展自己的承受能力了。我们怎么才能知道他的承受能力呢？稍微测试一下，就能知道他的承受极限。在抗议和抱怨的哭泣转变为急迫或惊恐的哭喊的那一刻，就是感到宝宝需要我们，应该去看看他的时候。这是真正的焦虑，他需要我们的安慰。但是，我们不能用同一种方式处理年龄大一些的婴幼儿所有的啼哭。与处于婴儿早期的宝宝相比，这个年龄段的宝宝已经能够自己应对少量的焦虑或不适了。我们只需要判断他何时真的需要父母的安慰，并给予他所需要的安慰即可。

对于这个阶段经常出现的夜醒，父母在处理前也要先做出正确的判断。当宝宝因焦虑而哭着醒来时，母亲或父亲当然应该安慰他。一般而言，父亲或母亲的声音和他们轻轻地拍一拍就能让宝宝重新入睡了。我们要尽可能在宝宝自己的床上安抚他，一般没必要把他抱起来摇晃，只有在焦虑或疾病让宝宝异常痛苦时才这样做。在处理这个年龄段的宝宝常见但不严重的夜醒时，我们也没有必要去察看他的情况、抱着他四处走动、给他玩具、让他喝水，以及用其他方式分散他的注意力和逗他开心。如果给夜间醒来的孩子提供特殊的满足和快乐，反而额外增加孩子夜间醒来的动机，这与安慰孩子的需要完全是两码事。往往母亲无力抵抗自己的疲倦，于是把宝宝抱到她自己的床上睡觉。从宝宝的角度来看，这种解决办法让他非常满意，以致他简直能依靠经常在夜间醒来再次获得这样的满足。无论是从父母的角度还是从孩子心理健康的角度来看，这都不是个好办法。

但对于那些对睡觉感到严重焦虑，每晚都会从极度惊恐中醒来数次，而白天与母亲短暂分离就会显得极为恐惧的宝宝该怎么办？这些情况需要另当别论。常见的用于帮助宝宝克服分离恐惧的办法，对这些情况可能起不了太大作用。我们首先要做的是找到原因所在。

什么事会让宝宝产生严重和极端的分离焦虑？可能是某些与母亲分离的经历让孩子感到，如果母亲离开自己就会有危险。这里有一个很容易理解的例子。

> 在卡罗尔 8 个月大时，她出现了异常严重的睡眠障碍。她每晚都在 11 点左右大声哭喊着醒来，不管父母如何尽力安慰她、抚慰她都无法让她再睡几个小时。她真的是非常恐惧，拼命地黏着妈妈，害怕她的小床，害怕妈妈可能会离开她。有一天晚上，她醒来时发现父母不在，一个陌生的保姆走进房间。一看见这张陌生的面孔，卡罗尔便开始惊恐地哭喊起来。保姆想必是做了自己能做的一切来安慰卡罗尔，但卡罗尔一直恐惧地哭喊了几个小时，直到父母回来。从那一天起，卡罗尔就出现了睡眠障碍。在随后的几个星期里，尽管卡罗尔的父母站在她的面前证明他们没有离开，但卡罗尔总是在夜晚醒来，发出撕心裂肺的哭声，害怕得睡不着。

为什么这件事给卡罗尔留下了如此深刻的印象？“这很奇怪，”她父母说，“以前她从不介意醒来时看见的不是我们而是保姆，我们并不总是能让同一个保姆陪她。我们没想到会这样。”我们需要运用婴儿发展的有关知识来理解这件事情。与以前对陌生人的“毫不介意”相比，卡罗尔现在对陌生人的反应告诉我们，她与母亲的关系发生了改变，这是她这个月龄孩子的特点。在这个发展阶段，婴儿对母亲的依恋特别强烈，即使在白天遇到一张陌生的面孔，也可能会让他感到不安。对陌生人的这种反应表明，卡罗尔已经把母亲视为一个独立的人，并且认识到母亲可以给予她满足和保护。卡罗尔期待看见母亲的面孔，但出现的却是一个陌生人的面孔，这引发了她的焦虑，因为在她眼里这代表母亲不在或者失去母亲了。一般在这种情况下，只要看到母亲出现了，孩子的焦虑就会消失。但是，卡罗尔在那天晚上醒来看见一个陌生人的面孔，母亲未能出现以减轻她的焦虑，因此这次经历便给卡罗尔留下了极为深刻的印象。

为什么在这件事情之后，卡罗尔还是会在夜间醒来呢？为什么在看到父母后，她仍不能安心，也无法再次入睡呢？同样，由于婴儿无法告诉我们答案，我们只好求助于理论的解释。我们有足够的理由相信，卡罗尔这个月龄的宝宝甚至月龄更小一点的宝宝，会做非常简单的梦。在整个童年早期，儿童常做的一种类型的梦就是焦虑的梦。在梦中，白天醒着时遇到的可怕经历会一再重复。孩子会因在梦中再次体验到那种焦虑，而惊恐地哭喊着醒来，这既是对梦的反应，也是对父母的呼唤。在被保姆照看的那次经历之后，卡罗尔很有规律地在夜间极为焦虑地醒来，这很有可能是由焦虑的梦引起的。

那么，为什么父母出现并安抚卡罗尔，向她表明一切都正常，她还是无法入睡呢？为什么她仍然紧张得睡不着，好像很害怕回到自己的床上睡觉呢？这很可能是因为，卡罗尔不知道自己在做梦。她担心回到床上睡着之后，那个陌生人的面孔又会回来吓唬她！在三岁以前，她可能都不知道那是自己在做梦。**在婴儿期和童年早期，孩子会认为梦里发生的事是真实的。**即便是掌握了一些语言表达能力的两岁孩子能告诉我们他害怕的是什么，他也会相信他的床上真的有一只老虎。

我们无法向卡罗尔解释这些。她还不会说话，也无法区分梦和现实。她的焦虑让她极为痛苦。她的父母为了安抚她所做的一切努力并没能有效地缓解她夜间醒来的状况。我们需要找到能够帮助卡罗尔克服焦虑的办法，但我们有什么办法帮助一个还不会说话的孩子呢？

我们可以在正常儿童的发展过程中寻找答案。那些没有被过度焦虑折磨的宝宝似乎掌握了自己克服这种恐惧的办法。他们根据“消失和重现”的原理来处理这个问题。例如，母亲“消失”了，但她总是会回来。这个阶段的宝宝可能认为这种消失和重现像是一种魔法，但是这种魔法足以应对一般的情况。他还没有形成物体守恒概念。而某些情况就无法用魔法来解释了。如果母亲“消失了”却没有回来，尤其是在宝宝很焦虑或者特别需要母亲时，母亲不在，而宝宝熟悉的人又无法代替母亲，这个魔法机制就不起作用了，于是这个还不会用其他方法安慰自己的宝宝就会体验到强烈的焦虑。

让我们继续观察这个年龄段的正常婴儿，看看他如何研究消失和重现的问题。在这个发展阶段，宝宝最喜欢的游戏是什么？他们能没完没了地玩捉迷藏之类的游戏。他会把尿布或围嘴蒙在脸上，然后快活地叫喊着把它拽下来。他会跟任何与他配合的大人一起玩捉迷藏，他表情严肃地看着大人离开，然后尖叫着高兴地欢迎他们回来。玩这个游戏，他坚持的时间能比你长。

这些游戏的乐趣是什么？如果宝宝为所爱之人的消失和重现而苦恼，为什么他还要把这一切转变成兴高采烈的游戏呢？这种游戏有几个用途。首先，宝宝通过在自己可控的条件下（短暂的等待之后，消失的人总是能被再次发现）一再地重复消失和重现能帮助自己克服与这个问题有关的焦虑；其次，这个游戏能让他把现实中遭遇的痛苦情形转变成愉快的经历。

现在，让我们对卡罗尔做个类似的观察。她在夜间醒来时也是在重复母亲消失的经历，她也在反复地体验原来的焦虑。这造成了卡罗尔总是在夜间醒来的睡眠机制，也与我们在正常婴儿的游戏中看到的相似。卡罗尔重复这个可怕的经历也是为了克服它的影响。（如果我们有了一段可怕的经历，例如，晚上睡觉时遇到一个贼，我们就会连续好几天向愿意倾听的人重复讲述这件事。复述能帮助我们消除这段经历带来的不良影响。）但是，卡罗尔还不会说话，她只能通过原始机制，也就是做焦虑的梦，来重复这段经历。

我们所掌握的正常儿童发展的知识为解决卡罗尔的睡眠障碍提供了线索。从理论上说，如果能够帮助卡罗尔在所有正常宝宝用来克服分离焦虑的游戏中重复体验“消失和重现”，那么，她或许能在白天而不是晚上解决她的问题,用游戏代替做梦来重复她的经历。**“消失和重现”的游戏是可控制的，但控制做梦和夜醒并不那么容易，因此，游戏提供了比做梦更好的控制焦虑的机会。**

依据这个理论，我们找到了帮助卡罗尔克服焦虑的办法。在幼儿园，我们给卡罗尔提供各种机会，陪她玩前面所介绍的“离开”和“回来”的游戏。妈妈藏起自己的脸，妈妈回来了；妈妈消失在墙角，妈妈回来了。游戏说出了我们无法用语言向婴儿做出的解释：“妈妈总是会回来的。”游戏为卡罗尔提供了掌控“消失和重现”的方法，她始终能“带回”妈妈。当然了，这个游戏让卡罗尔能在醒着的时候解决问题，所以睡眠障碍就逐渐消失了。

由此可见，从预防卡罗尔这样的睡眠障碍的角度出发，如果可能的话，我们建议不要让婴儿不熟悉的人照料他。在婴儿早期，一旦他能够明确地分辨出母亲的脸，见到陌生人就会焦虑之后，他就需要知道谁会代替妈妈照料自己，哪怕只是代替几个小时。夜间醒来看不到妈妈，可能会让他不高兴地哭一会儿，但这不会变成令他震惊和恐怖的经历，除非他面前出现一位陌生人。

父母是规则的制定者

一旦宝宝从被动地依赖母亲转变为积极地用身体追求自己的目标，一系列新问题便会随之而出。这其中大部分问题都源于宝宝与家人的利益冲突。例如，在 9 ～ 12 个月大时，宝宝很有兴趣自己吃东西，这本身是一件值得称赞的事，但并不完全符合妈妈的利益。蔬菜泥被抹在墙上带来让人震惊的装饰效果，只可惜即便是最先进的婴儿食品公司生产的蔬菜泥也起不到装饰作用，现代厨房天花板那明亮欢快的颜色显然无法与蔬菜泥的风格匹配。然后，再看看宝宝自己吧，他头发里藏着五谷杂粮，苹果酱在他眼睛上闪闪发光，脸颊上挂着菠菜叶，下巴上面黏着的饭菜足够他再吃上一小顿，他的塑料围嘴中始终藏着另外一道大餐和饮料。此外，宝宝喜欢自己头发里的午餐，根本不关心他眼里的苹果酱。所有的妈妈都会告诉你，打扫厨房地板和擦掉天花板上的菜泥，都要比说服宝宝允许妈妈用毛巾给他擦脸容易得多。因此，我们不难理解，在这个发展阶段，虽然宝宝在行动、自己动手和独立性方面的努力都非常了不起和值得称赞，但他开始与母亲的利益产生冲突。母亲很高兴看到宝宝成长得这么好，并且开始表现出他的独立性，但是，喂他吃饭会比让他自己吃干净整洁得多。

问题是怎么开始的呢？下面将介绍一则与短暂的进食障碍有关的小故事，在问题暴露之前，它差点演变成更为复杂的情况：

> 保罗，9 个月，身体健壮，从出生那天起，他的胃口就非常好，以至于如何以足够快的速度把足够多的食物送进他的嘴里反而成了一个难题。他喜欢使用奶瓶，也喜欢吃妈妈给他的每一种固体食物。对他来说，吃饭就如同过节，他一边吃着喜欢的饭菜，一边小声地哼哼着，兴高采烈地和妈妈咿咿呀呀地交谈。简而言之，他是世界上最不可能出现进食障碍的宝宝。但是，有一天，他绝食了，而且这种让人担心的情况持续了三天。

发生什么事了？保罗的胃口似乎很好，但一开始吃饭他便烦躁不安，在儿童餐椅上摇来晃去，推开妈妈伸过来的勺子，打掉妈妈手里的杯子，抱怨地大哭，很明显，有什么事让他变得一反常态。是因为长牙吗？好，我们先记住这个可能性。是因为妈妈开始给他断奶，让他用杯子吃东西吗？不是。但在理解这个月龄的宝宝的进食障碍时，这一点也非常关键，因为，如果宝宝感到妈妈期望他迅速断奶，他有时会采用进食障碍表示抗议。

或许是因为长牙，或许是发生了其他事情，但是在令人困惑的三天绝食之后，保罗的父母发现了一个情况。当保罗的母亲忙着准备饭菜时，保罗的父亲代替她喂保罗吃饭，而保罗吃得津津有味！保罗的母亲停下手中的事，看着这一幕。“那么，一定与我有关！”她心里想，“肯定是因为我做的某件事。但是，是什么事呢？”她一边看，心里一边暗暗责备自己，感到自己作为一个母亲是多么失败。她看到保罗从爸爸手中抓过勺子，往自己脸上抹胡萝卜泥，爸爸对此似乎毫不介意。接着，保罗抓起装牛奶的杯子，笨拙地举到自己面前，倒转杯子，牛奶倾泻而下，洒到地板上。爸爸面不改色地躲过这一劫，妈妈却一下子闪开，迅速去拿拖把。这顿饭结束后，保罗的脸上到处都是可怕的绿色和黄色。他的头发乱蓬蓬地立着，被苹果酱弄得黏糊糊的，大约有一两平方米的地板被弄脏了。保罗很高兴（他仍然在吃更多的食物），而爸爸依旧泰然处之。

保罗的妈妈很公正，她想到自己在同样情况下的做法。一旦保罗想抓她的勺子，她就熟练地换了一把勺子。（这对某些宝宝有用，或许在某个发展阶段之前，对所有宝宝都有用。但之后宝宝便喜欢自己动手吃东西，他想自己拿食物，他喜欢乱七八糟。）她在杯子倒转之前就老练地抓住它，然后放到保罗够不着的地方。（在这个发展阶段的宝宝对杯子很着迷，想自己把杯子举到嘴边，想玩杯子，看牛奶怎么从杯子里流出来。）如果由妈妈喂宝宝吃饭，周围会干净得多。所以，妈妈便和宝宝展开了一场无声的竞赛。宝宝想积极、主动地玩食物；妈妈对宝宝的阻止虽然可以理解，却是不明智的。

保罗的进食障碍很容易就得到了纠正。在自己吃东西这件事情上，妈妈尽可能满足他的要求，允许他按照自己的心愿拿勺子和杯子。（在保罗练习拿杯子的时候，她很明智地只在杯子里放一点点牛奶，随着保罗自己用杯子喝奶水平的提高，再逐渐增加杯子里的牛奶。）她平静地接纳了将午餐乱涂乱摸的宝宝，接受了地板上的食物残渣。她极富创造性地给保罗提供容易用手拿着的食物，比如，煮熟的鸡蛋、煮软的整根胡萝卜、土豆泥、炖水果，等等。在妈妈理解了保罗之后，保罗的饭量就恢复到从前了。从这以后，保罗和妈妈又像从前那样和睦相处了。

但餐桌礼仪怎么办？如果允许孩子把食物弄得一团糟、扔得到处都是，他怎么能掌握餐桌礼仪呢？我们发现，孩子们学得非常好。不久之后，他就不再有兴趣把食物弄得一团糟了。与此同时，他学着使用勺子和杯子，经过一段时间笨拙的尝试之后，使用这些餐具的乐趣便取代了原先把食物弄得一团糟的乐趣。例如，尽管保罗不到一岁，但几乎可以不靠别人的帮助自己用餐具吃某些东西。他能用手或勺子取食物，并能自己拿杯子。到了15个月时，大多数时候他都能自己灵巧地用勺子或小叉子吃东西了。几乎所有早期被鼓励自己动手吃东西的宝宝对餐具使用技巧的掌握都相当早。使用餐具是在效仿用手抓食物，而用手吃东西的技巧会逐渐变成使用餐具的技巧。

从保罗的故事我们可以看到，父母多么容易与宝宝进行权力之争，阻止宝宝的行为多么容易引起他的反抗，而宝宝会用意想不到的方式表现自己的反抗。如果保罗的母亲没有意识到保罗绝食背后的问题，这种不严重的进食障碍就很可能演变成一些更严重的障碍。

孩子的主动性还会带来其他问题，宝宝与家人之间还会有其他利益冲突。主动性对于宝宝而言意味着他要拿各种东西，比如烟灰缸、桌子上的摆件、书本、哥哥姐姐的宝贝玩具。人们想当然地认为，在养育中可以对孩子说“不”，但那些每天数百次对一个小孩子说“不，不”的父母很快会发现，孩子要么再也不听话，要么会把“不，不”当成一个好玩的游戏，要么开始乱发小脾气。

如果我们能遵从儿童发展原理的指示，就会明白，**宝宝对各种东西的主动摆弄对于他发现和熟悉自己周围的世界绝对是必要的。**他也需要知道有些行为是不被允许的。为了教宝宝不要玩桌子上妈妈珍贵的摆件，妈妈需要花费极大的精力，每天无数次地与宝宝周旋，以至于有人会提出一个很正常的问题:“这么做值得吗？”在孩子开始学习认识物体的那几个月中,最好将贵重、易碎的物品放到宝宝够不到的地方。我们可以允许他玩锅碗瓢盆或其他厨具以鼓励他了解物体。我们也可以把一些旧书放在最下层的书架让宝宝玩。(如果从书架上往外拽书没有成为宝宝与爸爸妈妈之间的一场游戏，过不了多久，它对宝宝就不再有吸引力了。而且,在一两个月之后,当宝宝开始喜欢图画书,而又有一层属于他自己的书架时，拿书就更容易了。）

换句话说，**我们应该尽量避免陷入与宝宝的权力之争，并且，要把“不，不”留在白天确实需要的时候才用。**

“但是，这难道不是可怕的纵容吗？难道孩子不需要学会自我控制吗？”是的，孩子当然需要学会自我控制。但是，我们这里说的婴幼儿还没有掌握自我控制的方法。他只知道父母不允许自己做出某些行为，但他还无法对自己下禁令。他渴望去看、触摸和摆弄东西，对他而言这种渴望如同消除饥饿那样急迫；对他的智力发展来说，这些就像我们以后要给他的书一样必不可少。只有一个办法能够让富有主动性的婴幼儿或者学步儿不对各种各样的东西表示好奇、不碰它们，这就是恐吓。如果我们使用这种严厉的惩罚，孩子就会避开成人禁止他接触的物品并失去他的好奇心，这会对他的智力发展造成严重的不良后果。

对世界的这种探索出现在语言发展之前，触摸、摆弄、体验物体这个过程对于孩子掌握物体的名称必不可少。在用身体碰触和“认识”一个物体之前，孩子无法掌握它的名称。在成年人的生活中很容易看到类似情形，比如，除非我们与某个人有过实际接触，否则我们很难彻底记住他的名字。宝宝在准备学习某个物体的名称之前，必须先通过他的感观认识这个物体。

> 我想起一个叫芭芭拉的小女孩，她因为在4岁时还不会说话，被带到我这里。她的词汇量还比不上一岁半的孩子，她只会说十来个词。她可能有某种严重的精神发育迟滞，但非言语测试表明，这个孩子的智商可能比较高。
>
> 当芭芭拉走进我的游戏室时，她以一种让人头晕的方式在屋子里心烦意乱地跑来跑去，指着引起她注意的每样东西尖声大喊：“不！不！不！”当我给她一个玩具或者桌子上她喜欢的某个东西时，即便是在我的鼓励之下，她也不会触摸这些东西，而是往后退缩。

有很多原因导致芭芭拉从未与物体有过正常接触。在母亲外出工作时，奶奶来照顾芭芭拉，奶奶用严厉的禁令和惩罚禁止芭芭拉接触物体。对奶奶的恐惧和由于妈妈不在家而产生的焦虑，使得她的人际关系也出现了障碍。

为了帮助芭芭拉，我们必须给这个 4 岁大的孩子补上她在两岁时错过的体验。我们必须把妈妈还给她，帮她建立起在两岁时就被打破的与人的联结；我们还必须向她敞开客观世界之门，允许她触摸、摆弄和体验物品，为她弥补这个对语言发展而言必不可少的阶段。在一年之内，这个不会说话的小女孩所掌握的词汇量就达到了她这个年龄的正常水平。

当然，芭芭拉的情况毕竟少见。我在这里讲这个故事主要是为了说明：**在童年早期，极端地限制和禁止孩子摆弄和体验物品会损害孩子的认知能力，并导致孩子失去语言能力，就像芭芭拉那样。**

因此，能指导我们如何养育 9 ～ 18 个月孩子的一个原则就是，为了孩子智力的发展，要给孩子足够多的机会触碰和研究各种物品，对孩子的禁令仅限于那些可能影响家庭和睦与危及孩子安全的行为。

一方面，这一原则也适用于处理与孩子的动作发展有关的行为需求。我们已经知道，孩子想要站起来的动力是多么强大，以及他们怎样通过成千上万次地重复练习每一个动作才掌握了爬行、攀登、站立、行走的技巧。孩子对活动的需要像其他生理需要一样强烈。在学习技能的过程中，孩子基本的需求就是渴望自己的行动不受限制。显然，出于对孩子安全的考虑，很多时候我们都要对缺乏判断能力的孩子做一些限制。在一天之内，他会无数次地让自己陷入危险之中。我们必须把一个大发脾气的宝宝从摇椅上抱下来，以免他被摇椅弹出去；或者把他从即将被他拉开的五斗橱旁抱走。他对我们的这些“营救”非常愤怒，因为他根本看不到危险，但我们必须救他。

另一方面，如果因为自己过度担忧，或者因为孩子的行为对我们而言是个大麻烦而限制孩子大部分的活动，我们将会遇到另一类问题。如果因为担心孩子的头撞到桌子而成天跟着他，或者他每次跌倒都把我们吓得六神无主，他一定会感受到我们的焦虑，自信心会因此备受打击。如果将一个活泼好动、爱爬来爬去的孩子限制在婴儿围栏内，或者在他抗议这种限制时还坚持让他待在里面，我们也会遇到麻烦。对于有不止一个孩子的忙碌的妈妈来说，让宝宝待在她容易看到的地方，或者她能够放心地离开一会儿的地方，确实更方便一些，这也是完全可以理解的。但是，如果想避免育婴室里的反抗，此时就需要运用良好的判断力认识到孩子对活动和空间的需要，在房间条件允许的情况下，结合妈妈自身的需求，为孩子提供活动的空间。当一个婴儿围栏因为用得太久而失去作用，最后变成一个禁锢活泼的孩子的监狱时，那么说服宝宝待在里面将徒劳无益。

我们要记住同样的原则，活动空间受到限制给学步儿带来的问题要比我们大多数人意识到的更多。住在公寓和经济适用房里的人完全有理由反驳我们这番言论。毕竟，如果可恶的建筑师已经对房屋空间做了限制，你能怎么办呢？但如果能意识到学步儿有掌握新动作技能的需要，我们便可以多花些心思布置房间，开辟出一个既对婴幼儿没有危险，又能大大减少父母与孩子冲突的空间。对于这个年龄的孩子来说，户外游乐场所必不可少，如果屋外没有庭院的话，公园或儿童游乐场也是很好的选择。虽然费事，但如果忙碌的妈妈每天都能抽时间带孩子进行户外活动是很值得推荐的。总之，对这个年龄的孩子而言，身体活动至关重要。此外，对宝宝的活动限制过多会导致他易怒、发脾气、与家人发生冲突，为了解决这些冲突往往需要花费更多的时间，而通过切实可行地满足孩子的需要，其实很容易避免这些冲突。

开始如厕训练

“什么时候开始如厕训练最好？”我们可以从儿童发展的知识中找到一些线索。要让一个孩子配合如厕训练，他必须能控制括约肌，延迟排便冲动，发出要上卫生间的信号或者能自己去卫生间。正常儿童要到 15 ～ 18 个月或更大一点时，才可能发展出这些能力。

我们有可能让一个八九个月大的排便规律的宝宝，在早饭后坐在便盆椅上直到排出大便，但其实这个月龄的宝宝还不会配合如厕训练。他的成功是由于妈妈对他的消化规律很了解，而他之所以愿意坐在便盆椅上，可以归结于这样一个事实：他还不会自己爬，除了坐着，他也没有其他事可干，而便盆椅和其他地方一样也是个好座位。我们发现，通常以这种方式开始如厕训练的宝宝，在自己能四处走动、对这件事能有所选择之后，就明显不愿意使用便盆椅了。在他开始独立行走之后的好几个月内，他可能并不比那些一直不乐意接触便盆椅的孩子更配合。所以，在孩子有能力参与如厕训练之前就开始对他进行如厕训练，很难说对他自己主动配合训练有好处。

甚至在稍后的发展阶段，比如在宝宝出生后第二年，虽然能让孩子配合如厕训练，但他在理解和配合这些新要求时所面临的困难也会让我们印象深刻。首先，尽管对我们来说，用坐便器显然是一种文明体面地处理自己排泄物的方式，但在孩子看来，这件事从一开始就没什么意义。

第一步，母亲把便盆椅介绍给他，有时候是带儿童坐垫圈的马桶。“介绍”是婉转的说法，因为在宝宝十三四个月大时，他既不乐于认识它，也不在意是否还会再见到它。但是，他爱妈妈，由于某些他猜不透的原因，妈妈希望他坐在那把有个洞的小椅子或者带个小坐垫圈的马桶上，他便照办了。这件事很无聊，他宁愿干其他事情，但他还是很友善地同意坐在那个洞上。有一天，可能是由于母亲的精心安排和动作迅速，但主要是因为碰巧，他在便盆椅或马桶上排出了大便。母亲的脸上流露出喜悦和惊讶，她称赞了他，小声地说“好”“好孩子”。他不明白自己究竟做了什么让母亲如此称赞，但现在他知道了。在便盆底部有一样他很熟悉的东西，显然它就是原因。为了表示友好，他也和妈妈一起庆祝，但他并不清楚这东西是怎么到那儿的，也不明白为什么这个东西会让妈妈如此高兴。

他不知道自己是怎么创造了这个奇迹，因此他也无法主动地重复奇迹。但在随后的几个星期和几个月中，由于母亲的期望和另外几次偶然的成功，使他在排便与便盆椅之间建立了联系。他也明白了，便盆椅里的东西是他制造出来的。但是，这又带来了一个问题，他把这些排泄物视为自己身体的一部分。我们觉得这很荒谬，他怎么会认为身体的排泄物是身体的一部分呢？但他并不知道这些，而且在他这个年龄，我们永远无法向他解释清楚。以他目前的思考能力，他对这一现象能做出的最好的解释就是，它像是身体的附属物，他把它当作自己身体的一部分去重视。他已经知道母亲也会重视它。由于他在便盆椅上排便让母亲很高兴，就像大一点的孩子考虑送礼物给心爱之人那样，他渐渐也把排便当作是送礼物给妈妈。

现在，为了让这个两岁的孩子在这项卫生教育中予以配合，我们假装是他的合作伙伴。我们表现得就好像便盆椅里的这些东西是有价值的，赞赏地接受了这一礼物，然后，我们冷漠地把它冲进了下水道！在两岁孩子看来，这是生活中最大的谜团之一。当孩子珍视一个东西时，他想留下它、看着它，这包括他深爱的人、心爱的玩具和珍惜的物品。他的礼物的命运却是在轰隆的冲水声中消失在马桶的大洞里。自己奉献如此有价值的礼物，却被以如此奇怪的方式接受和处置，这让他深受打击。

在两岁孩子眼里，冲水马桶又为这种处理方式增添了疯狂和神秘的色彩。无论我们认为冲水马桶多么方便和有效，小孩子有他自己的想法。这个张着大口的怪物无法赢得这个年龄孩子的友谊或信任。这个怪物大声吼叫着吞掉东西，让它们消失在神秘的深渊里，然后又饥渴地等待着下一个受害者——可能是任何人。

我想起一个小男孩，他从未被说服使用冲水马桶，在 4 岁时因为“不接受如厕训练”被带到我这里。他仍然尿湿裤子。他是一个非常聪明的孩子，很清楚大人对他的期望，他早就知道包括哥哥姐姐和爸爸妈妈在内的其他人都使用冲水马桶。他的父母认为他固执、目中无人，弄脏裤子是为了报复父母。我猜想在某种意义上的确如此。但是，在开始熟悉并信任我之后，他向我透露：“马桶里有只大龙虾，它想吃掉我。”这让我很困惑，我问了他几个问题之后才明白他的意思：“马桶里有个怪物。”然后，我就完全理解了他。他很高兴地告诉我住在马桶里的妖怪的故事。他试图向其他人解释了好几年，但他们都不相信他。妖怪住在马桶里，像狮子那样发出巨大的吼声：“咯——呃——呃，我要吃掉你！”我的这位小病人还把这一切表演给我看。他悄悄地从橱柜里溜出来，爬到我的背上，使劲地吼叫：“咯——呃——呃，我是一只龙虾，我要吃掉你！”“现在你害怕了吧！”他恶狠狠地低声说道。

考虑到这种情况便能理解我的小病人的谨慎了。如果马桶里有一个妖怪，那么忍受着责骂、丢脸或任何其他可能在裤子里拉屁屁，显然比坐在马桶上要明智得多。但他是在胡说八道吗？这个小男孩是在用龙虾之类的东西和我开玩笑吗？这个孩子真的相信马桶里有个怪物吗？我只能说，在经过几次对马桶里的妖怪富有成效的讨论之后，我的这位小病人生平第一次开始使用冲水马桶，想象出的妖怪也在他心灵深处消失了。

但是，这种情况很罕见。大多数 4 岁的孩子早就养成了使用冲水马桶的习惯，他们对我这位小病人的妖怪理论很可能会不屑一顾。但是，在具备思考能力之前，大多数孩子也会接受对马桶的这些荒诞的想法。我们之所以在这个 4 岁孩子身上还能发现这种想法，原因就在于他一直未能克服这种通常在三岁时就应该消失的恐惧。因此，他才能在 4 岁时用语言把它表达出来，而两岁大的孩子就只能通过行为或借助于有限的词汇表达这种恐惧。

如果站在还不会说话的孩子的角度，用他的原始思维来理解如厕训练的过程，我们便能帮助孩子接受并配合如厕训练，理解而不是增加孩子的困难，避免孩子在如厕训练过程中出现一些严重的问题。比如，我们就很容易理解，为什么在如厕训练时用便盆椅比用冲水马桶更容易让孩子接受。孩子坐在便盆椅上，他的双脚着地，这样他就不必害怕自己会掉下来。而且，他也不必与那发出巨大噪声、能让东西消失的机器直接接触。便盆椅的大小对他来说很合适，而冲水马桶的高度到他腰那里，要是再加上儿童坐垫圈的话就更高了。可以想象，许多成年人宁愿忍受便秘，也不愿意坐在厕所里一个为巨人设计的和自己腰一般高的冲水马桶上。即便你知道自己不会掉下去，你可能也会决定再等一等。

如何让一个活泼好动又忙碌的学步儿，在一项他根本没兴趣的（至少在开始时如此）教育项目中予以配合？我们需要记住很重要的一点，没有哪一个活泼好动、正常的两岁孩子会屈服于强迫他坐在便盆椅上，直到排便为止的训练方法。父母需要施加相当大的压力才能让他在马桶上坐几分钟。而父母施加的压力或坚持，将不可避免地引起孩子的反抗，并导致他无法在便盆里排便。此外，定时把孩子放到便盆上当然也不可能诱使他排便，这个方法只有在孩子排便很规律的情况下，比如总是在早餐后不久，才有用。对于那些排便不规律的孩子来说（两岁的孩子很可能占大多数），这种方法会导致孩子与母亲陷入对峙的局面。因为在孩子看来，坐在便盆上非常愚蠢。

另一个在如厕训练中常用的方法是，一旦孩子表现出要排便的信号，就“逮住”他，把他摁到便盆椅上。采用这个方法需要母亲眼疾手快。要记住，我们正在干扰机体的自然功能，或者至少是在要求孩子延迟排便，如果这时飞快地冲过去，手忙脚乱地把孩子摁在便盆上，他就会对这种经历感到焦虑。孩子对能否及时坐到便盆上的担忧，会给他们控制括约肌造成心理负担。

无论用什么方法，我们都希望能避免给孩子带来压力，避免成为父母和孩子意志的较量，引发孩子对使用便盆的焦虑，以及由失败导致的羞愧。我们希望能找到一个方法，激发孩子控制肠道和膀胱的兴趣与合作意愿。如果把这个过程看作是一个持续数月的教育，并借助于孩子的参与意愿，我们便能耐心地赢得孩子的兴趣和参与。

刚开始时我们看出他要排便，最好实事求是地把这件事说出来，可以用孩子自己以后能用来表示他想去便盆的词或声音来界定排便这件事。比如，“丹尼要拉便便了”。每当注意到他要排便时就把这个词说出来，表明我们对这个过程的兴趣，还能把孩子的注意力吸引到这个他习以为常的事情上来。在一段时间之内，我们就不需要再做其他的训练了。经过许多次的重复之后，一个学步儿会开始吸引我们去注意这个过程，他知道我们对此有兴趣。（如果我们时不时评论孩子的某个行为，比如他尝试使用勺子，随着音乐节奏鼓掌或者表现出我们对此有兴趣，他就会做同样的事情。很快，他就会发出声音或者信号，想要吸引我们注意他的“表演”。）直到恰好有那么一天，当他要排便时，他就会发出声音，用我们以前一直用的词或者用其他方式告诉我们他要排便。那么这时，我们就已经成功地让他明白，在要排便或想排便时要告诉我们或者给我们发出信号。

得到孩子的信号之后，就要开始让孩子建立排便和排便地点之间的联系。在他想要排便时，可能就比较容易建议他坐在便盆椅上，并把他带到那儿。在最开始的几次，即使我们没来得及脱下他的裤子也没关系。我们只是想让他建立排便与便盆椅之间的联系，让他学会走到那儿，坐下来使用便盆椅排便。但是，总会凑巧有那么一天，孩子告诉我们或者向我们发出他就要或者他想排大便的信号，我们带他到便盆椅那儿，把他的裤子脱下来，他十分惊奇又兴致盎然地发现大便掉进了便盆。我们为之高兴，他对我们的高兴很感兴趣，也为我们的高兴而高兴，这样如厕训练的第一步就完成了。

那么，现在当他想要排便时，他每一次都会自己走到便盆椅那儿吗？当然还差得远呢。第二天，他可能就会忘了这件事，要么信号发出得太晚，要么只是更愿意用原来自己熟悉的老办法排便。他可能会连续几天或好几个星期都不再用便盆椅排便。在这段时间，我们要鼓励他、提醒他、称赞他，如果他没能做到在便盆椅里排便，我们也不要感到苦恼或让他感到不安。一般几个月之后，成功的次数就会超过失败的次数，最终，他就能经常成功了。

那么，为什么一个年幼的学步儿会在这样一件原先对他毫无意义的事情上合作呢？首先，也是最明显的一点是，他很高兴自己能够让母亲高兴。他很早就能意识到，自己成功地使用便盆椅会得到母亲的认可。当然，这并不意味着，他的母亲需要大张旗鼓地庆祝他的成功，或者每次把他排出的大便都当作艺术品一样来欣赏。我们只要对他的努力和成功真诚地表示认可和高兴就足够了。实际上，对这一成就的过分夸奖也会给我们带来麻烦。如果一个孩子认为自己的大便那么有价值，得到那么高的赞扬的话，那么就能很容易理解为何他不愿意与其分离了。孩子能够在如厕训练中合作的第二个重要动机，就是完成这件事情给他带来的快乐。他会把自己成功地使用了便盆椅看作是自己的一项成就。在这个发展阶段，他对自己的大便很有兴趣，并且对自己排出大便似乎也感到一些自豪。由于他对自己的大便丝毫不觉得难为情，所以在训练的开始阶段，他甚至可能会想要摸摸大便，我们需要巧妙地转移他的注意力，并且不能大惊小怪或者让他感到羞耻。

他将大便当作自己身体的产品来重视，因此我们在处理大便时需要与他感同身受。在如厕训练刚开始时，称赞他取得的成就、他的“礼物”，然后又匆忙地将其倒进冲水马桶冲走，肯定会让孩子感到困惑。当孩子还在卫生间的时候，如果我们把大便先留在便盆里，可能他会更容易接受一些。在稍后的阶段，当他失去了对自己大便的兴趣，并且冲水马桶也不让他感到困惑时，他可能会希望由自己把它冲掉。

孩子在两岁到三岁时会逐渐做到这一切。即使孩子已经知道如何使用便盆，并且能给出要排便的信号，合作期和不合作期还是会轮流出现，他可能第一天愿意使用便盆，第二天又不愿意用了。他这样做并非在刁难我们或者出于某种恶意，这不过是他艰难学习过程的一部分。但如果和孩子较劲，把如厕训练变成两个意志坚强的对手之间的一场决斗，孩子可能会彻底反抗我们。由于那是孩子的大便，他才是最终控制排便时间和地点的人，你觉得大多数时候谁会赢？那个说马桶里有龙虾的孩子常常用他的老办法排便，他用4岁孩子的语言说出了两岁孩子的心理过程，坦率地指出了这种情形：“我是我大便的主人，我妈妈不是！”

如果不理解对一个年幼的孩子来说，学会延迟排便并控制迫切的排便需要是多么难，我们就很容易失去耐心。许多父母不知道，在正常情况下，包括膀胱控制在内的如厕训练要花几个月的时间。我们也可以预期，训练情况会时有反复，直到宝宝 4 岁以后才会稳定下来。当我们听说一个不满 18 个月的孩子“一晚上就学会了”或者“几天之内”就完成了如厕训练，我们立刻会感到怀疑。要让幼儿在很短的时间内学会控制，一定是给他施加了极大的压力，以至于我们可以确信，我们将为之付出代价，无论是在训练结果的持久性上还是在其他问题方面。这可能意味着，这个孩子是因为害怕不控制排便就会受到惩罚才这么快就学会了控制；为了避免出现可怕的结果，孩子需要非常努力地去保持这种控制，因此，他就会在其他方面出现问题。

与如厕训练有关的一些障碍

即便是最正常的孩子，一旦我们开始要求他们控制自己的生理需要，他们便会紧张，并出现一些焦虑。父母们经常很困惑地发现，在开始如厕训练的前后或者如厕训练期间，孩子会出现某些行为问题，但并没有发现这些行为与孩子对如厕训练的态度之间有很明显的关联。如果一个孩子在如厕训练期间喜欢发脾气，而且还表现出对使用马桶或便盆的反感，那就不难看出这两者之间的联系，善解人意的父母会明智地暂缓如厕训练。

有一个叫帕蒂的小女孩，17 个月，这些天她一直非常配合如厕训练，她坐在便盆椅上，为自己的成功而高兴，在各方面都表现得像是一个在如厕训练上进展很顺利的孩子。但最近，帕蒂晚上很难入睡，并且一晚上要醒两三次。什么时候开始这样的呢？大约在她 14 个月大的时候。什么时候开始如厕训练的呢？大约在她 14 个月大的时候。这之间有什么关系吗？这怎么可能呢？她在如厕训练时像头温顺的小羊羔。有其他小问题吗？如果弄脏了裙子，她会很苦恼。是的，她还害怕女佣人。父母在帕蒂 5 个月的时候雇了这个女佣人，但最近帕蒂就是不愿让女佣人照顾她。“女佣人与帕蒂的如厕训练有什么关系吗？”“哦，是的，如果我们不在家，就由她照顾帕蒂。”“帕蒂弄脏裤子时会很难过吗？”“哦，是的。有时会。她会紧紧黏着我，要我抱她。我总是告诉她这没关系。我从来没有因为这件事批评她或者让她感到羞耻。”“女佣人批评过她或说过羞辱她的话吗？”“我从来没想过这个问题……”

一点点地，我们试着拼凑出整个故事。帕蒂为了完成如厕训练似乎过于努力了，偶尔没有控制住排便会让她感到非常羞愧，她还因为裙子被弄脏了而心烦意乱，对于一个像她这么大、正在学习控制排便的孩子来说，这些表现有点超出正常情况了。她之所以愿意使用冲水马桶，是因为她爱她的妈妈，想取悦妈妈。但她为了控制排便实在是付出了太多的努力，以至于她变得害怕失去控制，害怕出现未能及时在马桶排便这样的意外。我们怀疑这也是她害怕晚上睡觉的原因。在她睡着时，她可能会失去控制，让意外发生。理解了这一点，依照如厕训练与这一系列新问题之间存在关联的理论，我们建议，在目前的情况下，放松如厕训练，降低对帕蒂的期望值，看看会出现什么情况。让大家如释重负的是，一两周后，帕蒂的焦虑就消失了，她不再为裙子被弄脏而烦恼，睡眠问题也恢复到正常孩子的水平。她还是不愿意去睡觉，但这像任何一个健康孩子那样，是因为热爱自己的现实世界而不愿意去睡觉，而不是因为入睡过程中近似于恐惧的焦虑才不愿意睡觉。

在其他情况下，我们会看到一个在如厕训练中很配合、对这一过程很少反抗的孩子，现在却对日常生活中的其他事情表现得极不配合、违拗和反抗。同样，孩子对如厕训练的顺从是由于他想获得母亲的认可或者害怕母亲的不认可，于是违拗和反抗被转移到了其他方面，并通过与如厕训练完全无关的方式表现出来。在那些出生后第二年患有进食障碍的孩子中，很多拒绝吃东西和挑食的案例都与开始如厕训练有关。被压抑的对如厕训练过程的反抗同样被转移到了其他方面，并以与食物有关的形式表现了出来。

这一切听起来是不是很奇怪、令人难以置信？在孩子出生后的第二年进行如厕训练所导致的这些负面影响，难道只是我们捏造出来的一些理论吗？在孩子很小的时候，在因果关系很清楚的情况下，用一个很简单的方法就可以检验这些理论。我们建议，只要怀疑幼儿出现的某个新的行为障碍或焦虑与对他的新要求有关，就暂时放弃对孩子的这个新要求，借此来加以检验，并观察随后的结果（就像我们对帕蒂所做的那样）。在如厕训练上，如果我们发现，在要求孩子使用便盆的同时，恰好出现了某个新的行为障碍，我们会建议母亲把她对如厕训练的鼓励和对孩子的期待暂时搁置几天或一两周。一旦暂时放弃了如厕训练，许多孩子的进食障碍、乱发脾气或睡眠障碍就消失了。这表明，在这些孩子身上，如厕训练确实与新出现的问题有关。在另外一些情况下，这个简单的检验方法未能取得同样的效果或者未能使情况有所改善，那么我们可以推测，有其他或者更为复杂的动机导致了这种障碍。**对于那些暂时放弃如厕训练就能消除发展障碍的孩子，只要等上几个星期，当孩子对重新开始如厕训练不再那么焦虑之后，用更为轻松的训练方法就可以了。**一方面，我们要把这些症状当作如厕训练引发孩子紧张情绪的信号；另一方面，我们仍然继续鼓励如厕训练，同时减少对孩子的期待，进展得更慢一些，给孩子更多的安慰，往往这样就可以了。

早发现，早预防

如果能尽早发现儿童发展障碍的一些征兆，及时采取一些简单的补救措施，就能防止儿童一些轻微的障碍发展成严重的障碍。我们可以问自己：“我们向孩子的生活提出了什么新要求？在孩子的正常成长和发展过程中，他正面临着什么新问题？”我们会发现，刚刚停止使用奶瓶并对自己的新成就非常骄傲的孩子（“他似乎根本不在乎”），吃饭时出现了莫名其妙的偏食挑食；一个刚刚学会走路，并对自己的成就高兴得发狂的孩子（“一点也不害怕，如果我们允许的话，他会爬到书架顶上去”），一晚上会醒来好几次。当然，对于第一个孩子，我们并不需要让他再去使用奶瓶，也不能禁止第二个孩子走路。但如果我们能建立这两者之间的关系会非常有用，因为这能帮助我们理解孩子一些让人费解的行为，这些理解能指导我们如何去对待这些行为。如果我们知道，孩子某段时间的挑食与停止使用奶瓶有关，我们就不会因为孩子挑食而心烦意乱，并放下在吃饭时哄劝或给孩子施加压力的企图。如果我们不给孩子施加很大的压力，孩子挑食的毛病就会逐渐消失。

同样，如果我们知道对幼儿来说，学会走路是迈向独立的一大步，而他有时会对自己能这么独立感到有点害怕，那么我们便不会因为他的夜醒而惊慌，对这种情况的理解将决定我们如何处理这一问题。我们会在晚上给孩子一些安慰而又不过多地关注和拥抱他，以避免给他增添了一个夜间醒来的动机。我们观察孩子白天的行为，支持他的独立，又不会为了让他更加独立而向他施加额外的压力，而且，如果他想的话，有时要允许他做个小宝宝。如果这个问题与学会走路这个新的发展阶段明确有关，那么这个问题会在孩子掌握了这种新技能之后不久就自动消失。

爸爸妈妈注意啦！

- 宝宝对各种东西的主动摆弄对于他发现和熟悉自己周围的世界是绝对必要的，要给孩子足够多的机会触碰和研究各种物品。
- 婴幼儿出现的大量问题都发生在向新发展阶段过渡的关键期，并没有哪种育儿方法适用于所有的孩子，只有针对某个孩子在其发展过程中某个阶段的育儿方法。
- 一旦婴儿能够明确地分辨出母亲的脸，他见到陌生人就会焦虑，所以不要让不熟悉的人照顾他。
- 正常情况下，包括膀胱控制在内的如厕训练要花几个月的时间。训练情况也会反复，直到宝宝 4 岁以后才会稳定下来。

THE Magic Years

第三幕

奇妙的咒语

18 个月到 3 岁

THE

Magic Years

04

语言是控制冲动的咒语

魔法师即将失去魔法

魔法师被安放在他的儿童餐椅里，他赞许地看着这个世界。他正处于权力的巅峰，如果他闭上眼睛，他就能让世界消失；如果他睁开眼睛，他就能让世界重现；如果他内心安宁，世界也一片和谐；如果愤怒破坏了他内心的和谐，世界也就不安稳了；如果他心中有了一些愿望，只要说出几个有魔力的音节，他想要的东西就会出现。他的希望、他的想法、他的手势和他的声音统治着整个宇宙。

魔法师在现实和魔法之间任意驰骋，但在他 18 个月大时，他统治的世界就要收回他的魔法了，而他的某些观察也让他开始怀疑自己的魔力。大约在快一岁时，他开始发现自己并非所有活动的发起人，这导致外面的世界存在着一些与他的需要和愿望完全无关的事情。不过，现在，这位一岁半的魔法师有了一个新发现，这个发现将让他慢慢地垮台，被自己的魔法所摧毁。因为，当他掌握了语言魔法，发现自己能运用语言发布命令时，他将被引诱进入一个新的世界，他在不知不觉中把自己交给了新的思维规则，这个新世界的规则将通过语言对抗魔法世界。

魔法属于第一思维系统，即前语言世界。我们所说的理性思维过程只能依靠语言的发展才能形成，第二思维系统就建立在使用语言的基础之上。

这位魔法师在 18 个月时掌握的那点词汇还不够他运转更高级的心智过程。它们能用来表达他的渴望和最迫切的需求，他掌握这些词的方式与没有受过教育的成年人学习外语一样，先学会能满足自己需要的词，我们称之为“点菜外语”（restaurant French）。如果一个孩子在出生后第二年学会了说“妈妈”、“饼干”、“再见”和“汽车”，那是因为他想要妈妈、想吃饼干、想要离开、想坐汽车。他虽然学着说出那些自己想要的物品的名称，但是他还没有理性或有序思维能力，他既没有词语也没有概念，能让他对自己周围的世界或事情形成一个有组织的和前后一致的观念。所以，语言发展的初级阶段仍然更近似于使用原始思维系统，而不是第二思维系统。它服务于魔法世界，而不是建构理性世界。原始思维依旧支配着孩子对世界的看法，他仍然是一位魔法师。

观众永远是魔法师的力量源泉，现在，似乎是研究这位正在施法的魔法师的心理过程的最佳时机，他正掌握着施展魔法的秘密，在表演时从不多说一句废话。这个坐在儿童餐椅上的小家伙相信自己的魔法。

出生后不久，他在无意之中发现了自己的力量，那时，当他身体紧张的时候，他便神奇地制造出了一个乳房或奶瓶来缓解他的紧张感。我们很想就此与他辩论，告诉他这不是魔法。我们非常清楚，他的紧张引发了某些表现，而这些表现被他之外的某个人发现了，于是后者满足了他的需要。但魔法师不知道这些情况。他只能用一种原始的因果关系把需要与满足联系起来。后来，当他开始能区分自己的身体与他人的身体时，这种原始的因果关系（“需要”带来“满足”）向前迈了一步，变成“需要会带来一个让我满足的人”。在这个前思维阶段，他的身体和他的需要带来他所期望的东西。

随着他的世界的扩大，他把所有东西和事件都看成是他自己行为的结果。拨浪鼓自己不能发出声音，他摇晃它，让它发出了声音。世上并没有泰迪熊，只有他看见它时，它才会在“那儿”。外部世界所有事物的存在，只通过他的感官才能被他所知，物体并非独自存在的。因此，在他看来，他之外的一切物体似乎都与他自己的行为有关。我们说他以自我为中心，是因为他是他的世界的中心，而且他把自身之外的物体和事件看作是他的活动、抓握、看和听的结果。从这个意义上来说，他是一切事物的根源。

在出生后第二年的上半年，他已经通过一些观察得出了一个正确的结论，那就是在他之外的物体可以独立于他对它们的感知而存在，他能够富有想象力地再现它们在空间的运动。相比他以前的观念，这是一个巨大进步，以前他认为物体只不过是他的自我和活动的延伸。不过，他在心理上仍然以自我为中心；他仍然是万物的创造者，因为他必须为了自己的需要和目的去操控外界的物体和事情。他无所不能，虽然他还不会说这句话。

像所有的魔法师那样，他相信自己的愿望、想法和所说的话是实现其魔力的手段。因此，我们就明白了，为什么其后儿童思维能力的发展仍然印刻着生命早期“需要带来满足”的痕迹。在理性将魔法师的魔法夺走之后的很长一段时间里，甚至终其一生，“愿望能成真”的信念将会永远地存在于他内心的某个秘密角落里。

不管魔法师是怎么想的，事情的真相是，他的力量来自他的观众。当观众不相信他的魔法时，魔法师的职业生涯也就到头了。所以，要让魔法起作用，魔法师一定要有信徒。而我们这位坐在儿童餐椅里的魔法师的职业生涯几乎从一开始就被一小撮不相信他的人给毁掉了，他们认为自己有责任站出来表示反对，他们展开争论、提供证据，并用他们自己的平庸和来之不易的一点聪明才智来替代这个魔法世界。他们是可怕的反对者，因为他们的力量绝对超过这位坐在儿童餐椅上的魔法师。他们又是爱的源泉，他们满足这位魔法师的生理需要。他们绝对不可或缺，魔法师职业生涯中的失败经常会证明这一点。

不相信他的人、理性主义者、父母和教育工作者认为他们有责任和权利用事实对抗魔法，以理性战胜魔法，用现实检验魔法。他们是被授予圣职的传教士，要给这个野蛮人带来高级的外来文明，以便能让他发挥想象力，形成更高级的思维模式，让他的行动和文化成就摆脱生理需要的束缚。因为，只要原始思维受生理需要，以及满足生理需要的迫切性的控制，心理活动就会受制于生理需要及满足它的手段上。

现在，为了让儿童的心理过程发展到更高级的阶段，也就是有序思维、逻辑思维和抽象思维阶段，必须让思维摆脱魔法的束缚，摆脱早期对生理需要及其满足的依赖。此时，父母作为现实世界的代言人就成了高级文明的传教士。他们必须教导孩子用逻辑和理性的观点看待世界，他们必须有效地反对魔法思维，反对把生理需要的满足当作唯一目标的本能。这项工作要求父母具备良好的直觉和技巧。有一个术语可以用来描述第二种思维系统的指导原则，那就是我们所说的“现实原则”。

传教士的工作不会立刻得到回报。任何试图把早期的“快乐原则”转变成“现实原则”的人，无论在太平洋的小岛上，还是在美国郊区，都必须了解抵制他这些努力的力量。传教士通过爱来改变对方，除非他能用爱来补偿他必须剥夺的东西，否则，他的教诲就不会有效；除非对失去爱的恐惧能像刹车一样让原始思维停住，否则，传教士的审查制度就如同耳边风。传教士不能是个宗教狂，如果在观念的碰撞中，他用自己的思想力量来挑战原始思维，他就会失败。在太平洋上的一些小岛上，传教士会被免职或者面临更糟糕的结局。在美国家庭中，最糟糕的情况是，传教士失去自己的影响力。

总之，在转变初期，如果原始思维只能接受 50% 的真相，传教士也必须对他感到满意。如果原始思维接受了新宗教的真理，却把过去膜拜的神像藏在床底下，传教士也不能强烈地表示反对、威胁或丧失理智。如果传教士够聪明，他会指定一个地方，让旧的神像、过去的信仰和以前的魔法残存于此，这也是为了彰显自己的仁慈。魔法师需要在心中留出一块地方，在那里，被放逐的梦想能够再次上演；魔法和全能感能够无害地施展；愿望能得到满足。

我们对魔法师的要求是，效忠于现实原则，把魔法存放在心灵的某个角落。我们允许被免职的魔法师施展名为白日梦的魔法，我们在现实世界里为他提供一座岛屿，在那里，他能用游戏统治他想象中的生灵。

控制冲动的咒语诞生

语言在魔法中产生。宝宝说出的第一个“词”根本不是词，而是魔法咒语、快乐时的感叹，用来让任何自己所期望的事情发生。在 9 ～ 12 个月里的某个时候，宝宝会发出“妈妈”或“爸爸”的声音，这让父母激动不已。他自己对此既吃惊又高兴，这导致他在一天中不断地重复这种行为。不幸的是，他不知道谁是“妈妈”或者“妈妈”是什么。他直视着你的眼睛，对着你说“妈妈”，你融化在这可爱的声音里；他也会看着爸爸的眼睛喊“妈妈”，爸爸会尴尬地纠正他。他会追着狗的尾巴，不停地念叨着“妈妈”；他一边伸手去拿饼干，一边大喊“妈妈”；他会躺在婴儿床上，嘟囔着“妈妈妈妈妈”，但他的头脑里既没有对“母亲”,也没有对她赐予他的整个世界的概念。这时，他还没有将“妈妈”这个词与“妈妈”这个人联系起来。

但是，他已经发现或者很快就会发现，在必要的时候，如果把“妈妈”这个音节重复几次，那个极为有用的女人就会神奇地出现，她能够满足他的所有需要，并能保护他远离不幸。他还不知道这一切究竟是怎么发生的，但他将其归结为自己的魔力。像所有的魔法师一样，他从不讨论他的天赋。

他发现这个方法在很多时候都管用。当他想要桌子上的饼干时，他发出这个有魔力的音节“妈妈”。他并不是称呼饼干为“妈妈”，他甚至还不会称自己的母亲为“妈妈”。在这里，“妈妈”就像一句咒语，它是一个有魔力的声音，能让他期盼的饼干到他的嘴里。此时，由于母亲说的是真正意义上的英语，她把宝宝对着饼干的念念有词诠释为“妈妈，我想要饼干”，于是她会拿饼干给宝宝吃。这么一来，“妈妈”这个词的魔力就扩展到了能带来任何他想要的东西。宝宝很快也会发现，在他感到紧张的时候或者在午睡、晚上睡觉这一类不幸时刻降临时，“妈妈”这个咒语也能让母亲出现在眼前。

在几个月之内，“妈妈”这个音节将渐渐用于特指妈妈本人。通过在各种场合下成千上万次的重复，宝宝发现，这个咒语会让妈妈“出现”，但不会让爸爸出现，只有发出“爸爸”这个音节才会起这种作用；“妈妈”这个音节也无法让狗跑出来，允许他拽它的尾巴；它也不会让饼干自己从桌子上跑下来被他吃掉。最终，“妈妈”这个音节被等同于回应它并应声而来的人。这样，“妈妈”这个词和“妈妈”这个人就联系到一起了。

物体一旦被命名，一种更高级的咒语就出现了。比如，这位魔法师发现，即使“妈妈”这个词没能把妈妈召唤到自己身边，也能唤起有关妈妈的心理意象。有了“妈妈”这个词，他就能够让母亲的心理意象永恒而稳定，并且在需要妈妈时，运用想象让妈妈再现。“这有什么特别之处吗？”那么，让我们看看这种现象的具体表现吧。

> 像所有健康的一岁多的宝宝那样，苏茜在上床睡觉时拼命反抗。说了“晚安”之后，父母把苏茜留在她自己的床上。父母离开之后不久，苏茜抗议的声音便停止了，欢快的独白开始了。“妈妈——爸爸可可啦多啦多啦拜妈妈妈妈拜，可可可可爸爸爸爸爸爸嘎，嗨呀嘟呜嘀，姆姆姆姆姆姆姆姆姆姆姆。”这段话可以这样翻译：“妈妈、爸爸、可可（狗）、手推童车、拜拜、妈妈、拜拜、可可、爸爸、车、你好、苏茜、妈妈妈妈妈妈妈妈。”苏茜的这番演讲似变奏曲持续了 15 ～ 20 分钟，直到她睡着。苏茜念念有词，抑扬顿挫的调子很像英语，最有意思的是，苏茜自言自语，根本没打算和所有提到的人或物直接交流。整个表演过程中苏茜的心情一直很好，上床睡觉时的悲痛很快就消失了。

这也是词的魔力，一种特殊的魔力。就在苏茜被放到床上去睡觉的那一刻，她因为要离开她那美丽的世界、心爱的人和物而感到非常痛苦。在黑暗中，她通过说出他们的名字把他们带回来了，重现了自己那失去的世界。她就像一位巫师，通过呼唤幽灵的名字把他们召唤出来。

这种临睡前的自言自语非常普遍，很少有父母对此感到惊奇。但是，如果研究一下它的含义，我们就会发现，这是语言所取得的早期成就之一。这为数不多的几个词或者这几个事物的名称能代替事物本身，这是用心理体验代替真实体验，用这种方式可以克服让人痛苦的焦虑情绪。这个例子很好地证明了语言赋予人们控制环境和本能反应的可能。

春天，有一次散步时，苏茜被自家花园和前院路边的鲜花迷住了。父母允许她采自家花园里的花，但当父母阻止她采邻居家的花时，她小声地哭了几声。她用一种充满渴望的声音说："发（花）！发！""它们可真漂亮！"她父亲说。他们在那儿欣赏了一会儿花，然后继续散步。在接下来的几天里，苏茜并没有坚持要去采邻居家前院的花。她在散步时停下来，弯下腰对着花坛说："发！皮亮（漂亮）！"然后，她抬起头看着母亲和父亲，与他们分享这种快乐的感受。"非常漂亮，非常好看！"他们回应道。"皮亮，火（好）！"苏茜说。似乎这样，她就十分满意了，然后继续她的散步。下一次再看到邻居家的花时，她会十分准确地再表演一次。

是什么让苏茜自愿放弃采花和拥有花的快乐呢？又是词语的魔力。"发""皮亮""火"这些词代替了物体本身。她用词语和花接触，通过叫出花的名字来欣赏它，而不是用直接触摸花。她用词来命名物体，并通过拥有"花"的象征（"花"这个词）来拥有花，而不是把花摘下来占为己有。

在这个例子里，词语代替了行为。这也是语言最重要的一个功能。**之所以只有人类能够做到控制、延迟甚至放弃满足生理需要，在很大程度上是因为语言让高级心理过程成为可能。**人类能够有意识地抑制某种行为，放弃愿望的满足，哪怕只是暂时的，这在很大程度上依赖于人类的判断力和理性，如果没有语言，这些都是难以想象的。

我们对语言能力太习以为常了，以至于很难立刻发现，语言是如何成为控制身体冲动的手段的。让我们来观察一只4岁的比格猎犬布兰迪吧。它不会说话，只能听懂为数不多的几个词，比如，“走”“趴下”“不”“待在那儿”，而且也不是每次都能理解。每天晚上它都面临一个难题，但只要稍微动点脑筋放弃即时满足，它就能在一瞬间自己解决这个难题，实现它更渴望的目标。晚上睡觉前，主人用一块饼干“贿赂”布兰迪，让它离开它最喜欢待着的地方，走下地下室的台阶，去它自己的“床”上睡觉。它是一条热爱社交生活的狗，不喜欢离开自己的好伙伴和舒服的椅子，独自去壁炉间那张特意为它准备的垫子上睡觉。我们中的一个人手里拿块饼干，走向地下室的楼梯，布兰迪跟在后面，脸上浮现出忧郁的神情。它走到地下室楼梯顶端时会停下来，坐在那儿。在这个时候，它还没有让步。现在，它的男主人或女主人（从来没有比这更愚蠢的称呼了）沿着楼梯往下走，手里拿着饼干，吹着口哨，或“喳喳喳”地叫着，发出一些狗在回应时的声音。布兰迪坐在楼梯顶端一动不动。每天晚上的这一时刻，我们都认为自己要失败了。这是一个让人紧张万分的时刻。它最终能超越自己的本能吗？它会放弃这块美味的饼干，抵制食欲的诱惑，凭借这种姿态像火箭一样蹿到某个进化的新高度吗？如果它那样做了，我们怎么办？如果我们不能利用它的食欲和对我们的忠诚来控制它，就没什么能阻止它变成我们这幢房子真正的主人（总之，这是一个争论已久的问题），我们可能不难发现自己每天晚上待在楼梯顶上，忧郁地凝视着黑暗。

于是，我们在楼梯底部等待着。这是一个很有趣的游戏。我们暗暗希望看到它至少赢一次。布兰迪悲哀地看着我们手里的饼干，不时地摇摇尾巴。从它那可怜、忧伤的表情中，几乎可以看见它在左右为难。它隐隐约约地意识到有个陷阱正等着它。它不想下楼梯，但的确很想吃饼干。几分钟过去了。突然，布兰迪再也无法忍耐，它为了饼干爬下了楼梯，很容易就被领到它的垫子旁。几分钟后，当我们走上楼梯回到房间时，我们能听到地下室传来小小的悲哀的呜咽。吃完了饼干的布兰迪最后终于想起来为什么自己一开始不想下楼。

4年来，这件事几乎每晚都会上演，整个过程也几乎一模一样。为什么在重复了成百上千次之后，布兰迪还是不明白，如果它能放弃满足美食带来的诱惑，便有可能避免被领到地下室，就能在楼上和它的好伙伴们待在一起，因而得到更大的满足呢？好吧，说白了，就是它的头脑里不能同时有两个想法。严格说来，它甚至一个想法都没有。它的脑海里最多也只是有几幅画面。但是，在它眼前晃动的真实存在的饼干毫不费力地就能战胜它脑海中地下室里那张孤零零的“床”。除了初级感觉之外，它看不到这些事件之间的联系。主人手里的饼干和随之而来的孤零零的“床”，在它看来是两件独立的事，它看不出是吃饼干导致了睡在地下室的“床”上。它之所以在楼梯顶端犹豫不决，并非因为它能想象出这件事情的后果，而是因为它的感觉记忆让它预见到一些不愉快的事情会与吃饼干有关。但是，它无法告诉自己这是为什么。

为了把这两件事情以一种有意义的方式联系起来，它需要词汇。如果它能用一种实用的符号系统解释从饼干到孤零零的“床”的整个过程，它就能在心里重现这一系列事情，而不必再付诸行动。它必须有相当于我们的条件句那样的符号系统：“如果我吃了饼干，最后我就会被带到那可恶的壁炉间。”接着，它就能用与之对应的符号“谁想要那讨厌的饼干呀”打消这种冲动。然后，它就可以坚定地回到家中自己最心爱的地盘，嘲笑它的家人。仅凭这一个放弃饼干的行为，它就超越了它的同类。但是，布兰迪并没有掌握语言。没有语言，它就不得不每晚都经历从饼干到孤零零的“床”这一过程，因为它无法用语言符号再现这一过程，并从这种经历中得到启示。

不过，我们为什么要大费周折地研究动物心理的局限性呢？这是因为语言的缺失限制了动物超越其自然本能的可能，导致思考和判断这些心智的过程无法存在，因此动物就无法做出不依赖于本能需要或本能行为的选择。所有那些我们称之为人的品质的特征都源于人类对本能的自我控制，以及运用智力改变自己的性格和环境的可能性，而智力的发展在很大程度上要独立于人的原始需求。我们有充分的理由相信，人类这些独一无二的品质并不是高级大脑构造的产物，而是这种构造让人类拥有了通过语言控制人格这个庞大而复杂的组织的可能性。

在讨论育儿方法时，所有这一切都极为重要。在孩子能开始说几句简单的话之后不久，我们就会发现对孩子的教养变得容易多了。这不仅是因为父母与孩子之间的交流得到了改善，尽管这也非常重要，还因为孩子自己开始学会运用语言来控制冲动（比如苏茜与花的例子）。话语让他能够控制外部事件。我们常常会开心地发现，当孩子学会说“拜拜”时，他在与父母分离时变得更为有风度，就好像这个词让他掌控了这种局面。他那滑稽的举止表现得好像是他在用“拜拜”这个咒语控制着人们的来和去。甚至当他学会说“晚安”或“安安”时，他对上床睡觉也没那么抵触了。他的行为再一次表现得好像这些词让他控制着这种局面，好像没有人迫使他上床睡觉，是他在使用这些有魔力的语言控制自己的退场和入场一样。

当孩子开始学说话，他有时会通过对自己说出父母的禁令来控制自己的冲动或避免危险。一个只会说几个词的孩子也能够抑制自己的某些冲动。在他想伸手去摸炉子时，他可能会对自己说“烫”，然后把手缩回来。然而就在一两个星期之前，他还不会说“烫”，那时还必须靠父母来告诫他“烫”，才能克制他的冲动。现在，他学会了这个词，便能控制自己的冲动了。在孩子说“不”这个词时也能观察到类似的情形，尽管每一位父母都会表示，在很长一段时间内，“不”并不是一个可靠的自我约束禁令。但我们会看到：一个不知道有人在观察他的学步儿走向墙上他明明知道“禁止触摸”的电源插座，却被插在插座上的电灯线转移了注意力。“不，不，不。”他一边喃喃自语，一边使劲拽电灯线。在这个阶段，这样的“禁令”还无法阻止他的行为。但是渐渐地，他的“不，不”越来越有用，而且有时能起到控制冲动的自我告诫作用。

语言使孩子有可能内化父母的口头禁令，并把禁令变成自己的一部分。通过掌握禁令的语言形式，他就能够遵从禁令，并将其用于自我控制。我们不会与刚刚学会说话的孩子谈论孰是孰非，但我们能很清楚地看到，语言对是非观的形成起着必不可少的作用。事实上，**一个人的道德成就、所有与良知有关的复杂因素在很大程度上是以语言为基础的。**

向大人国起航

“现在，我打算向读者简短地描述一下我所到的这个国家的情况……”经典小说《格列佛游记》中的格列佛说。让人吃惊和不可思议的是，我们每一个人都曾在大人国里旅行，但我们谁也无法回忆起那个住着巨人的国家。有时在梦中，偶尔在现实生活中，在我们遇到离奇经历的时候，脑海中会浮现一段记忆，有那么一会儿，我们与自己生命中这段被遗忘了的时光有了联结。因为，我们几乎完全忘记了自己从出生到三岁的经历，当我们试图进入孩子的世界时，我们就好像是个外国人，不熟悉当地风景、完全不会说本地话。

我们有足够的理由相信，之所以我们未能保存童年早期的记忆，是因为在这段时期我们还不会说话或者只会只言片语。语言是心理意象的定影液。那些没有被贴上语言标签的记忆，就像阁楼里的杂物一样被藏了起来。当粗心的家庭主妇忘了给阁楼上的杂物桶贴上标明桶里所装物品的标签时，谁还能记得杂物桶里装的是什么呢？即便到了两岁，孩子生活中的许多物体都已经被贴上了词语的标签，但这些词语之间互不相干。孩子还不能把一种体验的各个部分联系起来，或者用一种可以形成有序记忆的方式把它们组织在一起。

在巨人国里，格列佛感受到的惊奇和恐惧深深地印刻在他的记忆里，在我们驶向大人国的航程中，某些事情也会让我们有这样的感受。但两者有些不太一样，格列佛的航行合乎逻辑，他的叙述前后关联、语义清晰，但婴幼儿眼中大人国的本质是他们用原始心理看到的世界。两三岁孩子的世界在很大程度上仍然是无序和混乱的，他们用魔法思维向自己解释这个世界。

有时候咒语也不管用

在孩子掌握了一些语言时，我们可以见识到这个奇妙的世界中，一些令人意想不到的事情。

在我的朋友大卫两岁半时，他的父母准备带他去欧洲旅行。他是一个很聪明的孩子，语言能力发展得很好，他似乎总是能怀着兴趣和热情去理解父母告诉他的每件事情。他们全家人要飞到欧洲去（大卫知道飞机是什么），他们会看见许多特别的东西，他们要去游泳、坐火车、见大卫在那里的一些朋友。在动身旅行之前的两三个星期，父母开始用讲故事来适当地强调一些注意事项。但不久之后，大卫的父母注意到他不再询问有关“幽洲”（欧洲）的问题；而且，一听到父母谈论这件事，他甚至会显得有些闷闷不乐。父母想弄清楚是什么让大卫感到苦恼，但他很不愿意谈论这件事。后来有一天，大卫痛苦地坦白了自己的秘密。“我去不了幽洲了！”他说，眼泪很快就流了下来，“我还不知道怎么飞呢！”

若想理解大卫这个复杂的反应，我们需要从他的视角来理解一系列事情。首先，他“还不知道怎么飞”，这说明他期待全能的父母知道怎样飞到“幽洲”，但“飞”是他还没有掌握的许多高级技能之一；其次，他对飞机的认识有错误，他完全不明白全家人是在一架飞机里面飞。但他不是见过飞机吗？是的，他看见过天上的飞机像鸟一样，它们还会发出噪声。但是，飞机作为一种交通工具，以及人坐在机舱里面这件事，不是他看到天上的飞机就能明白的。我们现在没有人回想得起他是否见过乘客在机场登机。理论上说，这种经历有助于他形成有关飞机的新概念，但或许也起不到什么作用。即便他看到飞机起飞的整个过程，他可能也无法把停在地上的大飞机与天上的小飞机联系起来。这一连串相互关联的动作呈现出一幅运动画面，但在两岁的孩子看来，这不过是一连串互不相干的事情。飞机在一连串的动作中角度和大小会发生变化，因此大卫无法理解对飞机进行一系列观察的意义。

但是，在大卫的故事中，最有意思的一点是：这是一个能把我们的语言说得很好的小男孩，我们可以信心十足地和他讨论欧洲之行和整个旅行计划。但最终我们发现，我们和他说的并不是同一种“语言”。在两岁孩子的奇妙世界中，所有的事情都有可能发生。某一天早晨，母亲、父亲和小男孩将聚集在房前的草坪上，拍打着臂膀，飞向大海另一边的大陆。不幸的是，父母没有注意到小男孩“还不知道怎么飞”，于是，这个小男孩像生了根一样待在原地，而他的父母却飞走了，完全忘了家里有一个人仍然待在地面。这一切都源于“飞”这个普通动词被一个小男孩按照字面意义理解了。

只有承认“飞”这个字的字面意义会永远被保留下来，对孩子才是公平合理的。这个字甚至会在以后某个意想不到的时刻又回来冲击我们的理性。昨天晚上，我想着大卫的故事，琢磨语言及其含义给我的启示就睡着了。今天一大早，我被电话铃叫醒，我在半睡半醒中接了电话。我听到一个稚气的声音说：“我刚刚才发现女童子军今天要飞起来了，我不能来赴约了。”多年的专业训练保护我远离各种可怕的、不可思议的、混乱的思维的困扰。我让对方重复一遍她所说的内容，但在清楚地又听了一遍之后，我也没有感到如释重负。我没有进一步询问，以免泄露出我自己“精神错乱”的可能，我尽力保持着一个专业人士的镇静，与艾米（打电话来的女孩）约了一个想必不会与她飘在空中或女童子军的古怪行为相冲突的见面时间。

之后，我坐在椅子上仔细琢磨艾米的话。过了好几分钟，我才摆脱脑海中一个 10 岁女孩因为女童子军要在半空中聚会，而不能来见儿童心理专家的想象。此时，我想起来了，“飞起来”这个词很不幸地成为美国女童子军用来表示低级女童子军晋升为高级女童子军的一个古怪说法。

艾米是个女童子军，她今天要“飞起来”了。当我的丈夫走进来时，我认真地说：“我刚接了一个电话。女童子军今天飞起来了，因此艾米不能来了。”这句话产生了非常好的效果。他立刻感到很震惊，但很快又恢复平静，他以为自己理解错了。在我向他解释后，他深表赞同。他是一名英语教师。

之所以这个神秘的消息能造成这种效果，是因为在睡眠状态或接近睡眠状态时，我们的心理过程会退行至原始思维模式。在这种情况下，“飞起来”的字面含义和“飞起来”这个画面进入我的脑海，就像“飞”这个字对两岁的大卫的思维模式造成的影响一样。在梦中，语言在很大程度上通过图像来表现。如果艾米做一个自己在女童子军中晋升的梦，可以想象，这个梦会用一个“飞起来”的场景来表现这个意思。这与她那句话唤起了处于睡眠状态的我有关“飞起来”的心理意象一样。

如果蚂蚁能吃掉所有东西

> 在童年时代，语义不明常让人非常苦恼。我想起一个两岁小女孩，她对蚂蚁有一种病态的恐惧。她看见蚂蚁时就会大哭，她说蚂蚁会把她吃掉。她的父母十分困惑，因为就是这个小女孩，她会兴高采烈地把自己的拳头伸进任何一只走过来跟她打招呼的大狗的嘴里。父母也从来没有恐吓过她，没有说过动物园里哪怕是最凶猛的动物想要吃掉她。家人花了好几个星期才弄明白这件事。孩子的奶奶想起来，有一天她打开厨房的碗柜时发现了一些蚂蚁。奶奶惊慌地抬起手，对厨师说:“这儿又有蚂蚁了。它们会吃掉所有的东西！”当时，这个小女孩也在厨房里。

在这个两岁孩子神奇的世界里，如果蚂蚁能吃掉所有的东西，它们也会吃掉她。小女孩不会考虑蚂蚁的体形比自己小很多这个问题。奶奶似乎被发现蚂蚁这件事吓坏了，而且蚂蚁的出现也让厨房里的主妇们陷入一片混乱之中，这一切让这个小女孩非常震惊，所以她预期自己会被蚂蚁吃掉，这种反应非常合理。

在小孩子眼中的大人国里一切皆有可能。他们说，健康的、发育正常的两岁左右的男孩和女孩会顺着浴缸的下水道消失。“这不可能。”你说。很好，但这是你说的。两岁的孩子会明确地告诉你，为了安全，他今天最好别洗澡。

在大人国里，那些设备齐全的现代家庭的橱柜里藏着一个怪物。接上墙上的电源插座后，它在震耳欲聋的吼叫声中膨胀起来，把一路遇到的所有东西都吸进它的金属下巴里。“没事，亲爱的。那只是个吸尘器。”只是个吸尘器？亲爱的女士，我希望哪天早晨当你从床上醒来，看见一个块头比你大一倍的铁怪物正朝你走来，它咆哮着吃掉一路上遇到的所有东西，它那畸形的肠子费力地消化、吸收，发出不堪入耳的声音。我只能希望，亲爱的女士，你不要再来劝我，赶紧逃跑吧！

大熊猫的一只眼睛掉了，露出一个洞，一眼就能看到里面填充的棉花。孩子一阵乱扯，一把拽出了棉芯。大熊猫一下子变成一个干瘪的布袋，恐惧传遍他的全身。大熊猫已经不存在了，它什么都不是了。而他第一次有了这样一个念头，他也可能会失去自己的填充物，变得什么都不是。“别担心，亲爱的。别哭得这么伤心了，我们可以再买一个大熊猫。”“不，不，不！”在孩子刚刚学会的母语中，找不到一个词能描述从大熊猫肚子里拽出的这个可怕的秘密。

两岁孩子的世界有时候仍然是一个阴森可怖的朦胧之境，它更接近于梦而不是现实。就像在梦里一样，一位体面的、普通中产阶级家庭的小男孩在自家的客厅里遇到一个机械怪物，它长着贪婪的下巴，肚子里发出可怕的声音，追赶着他。就像在梦里一样，一个在陶瓷浴缸里泼水的小女孩，正玩得兴高采烈、忘乎所以，低头看到水被吸进了下水管，她突然很恐怖地看见自己也被吸进去了。正是在梦里，我们会遇到能吞掉一个小女孩和她的奶奶以及厨师的蚂蚁。梦里的人在门前的草坪上做好准备，就能拍打着胳膊，毫不费力地飞上天空，飞到“幽洲”。

迟早有一天，怪物、吃人的蚂蚁、吞食一切的下水管和会飞的人会被堆到阁楼里。有许多没用的东西难以处理，但会被愉快地忘掉。在理性时期到来之后，它们很少有机会能在光天化日之下出现。它们变成了阁楼里的杂物，那些无用的、被遗忘的、布满灰尘的纪念品只会偶尔在梦中重现，带来与当初一样的恐惧、敬畏、悲伤和无助。

做梦的人醒过来了，他深感幸运：“那只是个梦！”现实感像潮水般涌来，把他带回到安全地带，远离那些黑暗和可怕的事件。但是，孩子生活在魔法和现实这两个世界之间，他不明白这两个世界互相排斥。他认为，这两个世界同时存在，出现在客厅里的怪物，或者出现在舒适的厨房里的食人蚁，并没有侵犯到理性。而是他的现实感还没有强到能做出判断，并把某些现象排除在现实世界之外。

魔法师变身科学家

为什么我们总是强调两三岁孩子魔法师的这一面呢？称他们为科学家、实验人员和研究人员才更公平，因为这些事情魔法师恰恰做不到！

我们有充分的理由称他们为科学家。考虑到学步儿有限的物理活动空间，我们必须承认，他们具有卓越的观察能力，并能坚持不懈地去探索原因。没有哪个课题不值得他研究。他的热情和精力能给整个考古探险队带来荣誉，他分析废纸篓、垃圾箱、衣橱、厨房的橱柜和抽屉里的东西。事实上，当他完成这些探险工作的时候，人们简直不能相信，这么多残骸碎片是由一位小调查员在没有别人帮助的情况下徒手做到的。“里面有什么？”这个亟待解决的问题指引他对泰迪熊、洋娃娃和其他毛绒玩具实施罕见的手术，现如今，这些缺胳膊少腿的玩具散落在房间各处。他没完没了地摆弄电器开关、收音机和电视机的旋钮以及门锁，这背后的动机是：“让它动起来！”他还是一个了不起的观察家。有时候，他让我们相形见绌，因为他能看到被我们忽视的细节。他能注意到绘本上的小精灵的帽子上插着羽毛，但在另一页中却没有插羽毛。正是他，能发现我们在复述某个熟悉的故事时遗漏的细节。正是他，发现拼图上神秘的一片是一只鞋，而他那个受过高等教育的父亲却以为那是制造商错误地塞进的另一块拼图。

我们在以下方面给这位年幼的科学家打高分：他是一丝不苟的观察者、一位热心的研究者和编目员。在他的科学研究中只有一件事情是错误的，那就是结论！

他发现，如果转动电视机的旋钮，就会出现一些画面。他数百次地重复这个实验，所以，我们不能怀疑他是从为数不多的实验中得出结论的，我们也无法批驳他的统计方法。基于这个非常有效的研究程序，他每次都能断定并确认，是他转动开关才使得这些小人从盒子里出现。

在魔法与科学间摇摆不定

他是一位科学家，但他也是一位魔法师。我们觉得他的辩解苍白无力，毕竟，这个两岁的孩子还不会用电子知识来解释电视机的工作原理！当他寻找某种现象的原因，而又无法依据自己有限的实际经验给出解释时，他还是会求助于魔法思维。甚至，他往往会把他的世界里所有他不熟悉或无法解释的事情都理解成是他自己或者别人的行为造成的。皮亚杰讲过他女儿的一件趣事。当时她 18 个月，她曾看见她爸爸用烟斗吞云吐雾，也曾见过笼罩着群山的薄雾和飘浮在天空中的云。按照她对这些现象进行观察后的理解，显然，她相信这些雾和云是爸爸用烟斗制造出来的。

因此，学步儿的科学不可靠，因为他那有关因果关系的理论仍然起源于魔法。孩子相信人类行为是一切事物的起因，只不过是他们认为自己或自己的行为是一切事物的起因这一幼稚和以自我为中心的思维的延伸。当一位科学家进行观察时，他必须能够排除自己的主观反应，通过仔细观察，发现决定事物或现象的独立规律。但是，当小孩子听到雷声时，他可能会认为天上有个人生气了；当他研究一棵树时，他困惑地发现它有胳膊但没有腿。他从天上的云、沙滩上的沙子、黄昏的阴影里发现人或动物的形状，就好像必须首先从人的身体和功能来寻找客观世界的本质一样。在他早期的学习中，有那么多的知识源自他对自己身体和功能的观察，以至于当他将学习内容扩大到外部世界时，他必须将这些（他所认为的）第一定律也运用到外部现象上。这当然会导致这些婴儿的科学中出现一些很奇怪的结论。

让我们看看一位两岁半的孩子的观察，他的母亲怀孕了。（有人问："他们在这个年龄真的能注意到母亲怀孕了吗？"这个小男孩能发现他的图画书中的小精灵的帽子上没有插羽毛，他难道真的看不出来妈妈变胖了吗？）

所以，我们假设这位小朋友已经观察到妈妈的肚子很大，在妈妈预产期前的一两个星期，他被告知妈妈的肚子里有一个小宝宝。对于小宝宝如何进了妈妈的肚子，他可能问都不问。因为，他有自己的一套理论！在随后的几天里，他就会运用这个理论。一天早晨，他在吃早饭时宣布，他要吃掉所有的麦片粥、香蕉，喝光他所有的牛奶，然后他的肚子里也会有个小宝宝。几天之后，这个理论甚至可能会导致一些麻烦事。他像一个小大人那样，因为担忧肚子里的小宝宝而拒绝去洗澡。他非常坚定地捍卫他的理论，当然，最后他不得不放弃自己的理论，接受我们给他的理论。他会明白小宝宝不是通过吃东西长出来的，只有妈妈们的肚子才能怀上小宝宝。在我们告诉这个小孩子事实真相很久之后，如果他还是坚持自己原来的理论，对此，我们也不应该感到惊讶。

但是，两岁半的孩子是怎么得出通过吃能有宝宝的理论的呢？很简单，他是通过观察自己的身体及其功能得出的。东西是怎么到肚子里的？通过吃。如果你不让它出来，让它一直待在里面，它就会长成个小宝宝。

身体是“我”的栖息地

此外，我们还需要考虑到一点，那就是小孩子如何想象自己身体的内部。当成年人想象它们时，脑海中会浮现出一幅解剖图，我们会根据自己掌握的解剖学知识，在这幅图上安放自己的身体器官。而孩子直到很大的年龄，甚至到了八九岁，还会把自己的身体想象成一个中空的器官，外面包裹着皮肤。在他的想象中，身体就是一个“肚子”，是一个中空的大管子，有时填满了食物，有时没有食物。让一个六七岁的孩子按照他的想法把身体内部画出来是一件很有趣的事。他画出来的毫无例外的都是一个空洞，想一想之后，他可能会在边上某个地方再补上一颗心。如果你问他：“肚子在哪里？”他通常会指着他所画的东西，表示那里面全是肚子。由于孩子很早就知道如果自己的皮肤擦伤或割破了就会流血，因此，他将自己身体的内部想象成一种容器，里面装着血液、食物和废物。

既然孩子越来越意识到自己是一个人——“我”，那么他也会越来越重视装着他这个人的身体。他作为个体的“完整性”和心灵的完整性似乎与他身体的完整性密切相关。在出生后的第三年，随着“我”这个概念的出现，孩子常常会对擦破皮、割破手和碰伤自己这些事大惊小怪，而以前遇到这些事，他最多也就是哭几声。这也可以称之为“创可贴阶段”，如果你想给一个两岁的孩子留个好印象的话，一盒创可贴就是最珍贵的礼物，他将牢牢记住你。两岁的孩子会把它贴在难以发现，甚至纯粹是想象出来的擦伤处。如果我们在他那微不足道的伤口上贴一个创可贴，他立即就能恢复过来，他感到身体又“完整”了，就好像身体这个容器上的一条裂缝被封住了，这个神奇的行为恢复了他作为个体的完整性。我们可以这样假设，孩子这样的想法与原始人认为精神或灵魂可以摆脱身体的束缚有某种类似之处。

但是，孩子重视自己的身体并不仅仅是因为身体是包含自己这个人的一个容器。早在身体成为“我”的栖息地之前，早在他身体里的这个人意识到自己的身份和独特性之前，身体就通过感觉到紧张以及释放紧张之后的舒适感成为意识的对象。**身体作为快乐之源向孩子提出的要求，吸引了孩子对身体和具体器官的关注，身体也因为能带来愉悦感被孩子所重视。**

在儿童发展的早期阶段，身体的某些器官由于其固有的功能而产生大量的紧张感和愉悦感，于是，这些器官成为意识的焦点。如果我们问，婴儿的愉悦感主要集中于哪个器官，我们肯定都认为是嘴部。在出生后的第二年，孩子开始觉察到排泄产生的紧张感和释放感，肛门作为身体紧张感和满足感的中心在一段时间内变得重要起来。出生几个月之后，孩子就体验到了生殖器官存在的感觉。但直到两岁以后，生殖器官才作为能带来愉悦感的中心而变得重要起来。在这个时候，我们看到孩子对生殖器官的兴趣有所增加，并且会更加频繁地用手触摸它。相对于其他身体器官，生殖器官对孩子的重要性更加明显。

因此，可以说孩子珍视自己的身体主要有两个原因：身体是自我感觉，也就是生理的和物质的“我”的来源；身体也是快乐的源泉。为什么在出生后的第三年，孩子会更在意自己的身体以及身体的安全和完整？因为这种关注随着孩子自我意识的增长以及逐渐把身体视为“自我”和带来愉悦感的器官而同步发展。孩子对身体受伤的恐惧基本上是对疼痛的恐惧，我并不想忽视这一事实，但仅凭这一点无法解释为什么在两岁到三岁期间，孩子对身体受伤的恐惧会增加，也无法解释与这种恐惧同时出现的那些想法。

第一次发现男女有别

我们很偶然地发现，孩子的原始思维对与身体受伤有关的幻想起着重要作用。孩子会把对自己身体的想象带入他对外部世界的想象之中。在他观察、研究自己之外的各种物体和事件时，他会从身体形状和功能的角度来考虑。同样，在孩子很小的时候，他对自己身体的想象是他构想所有人或动物身体的模板。如果他是一个男孩，他就会认为所有人都跟他一样。世界上的每一个人肯定都有一个脑袋、两只手臂、两条腿和一个阴茎。如果她是一个女孩，她就会根据对自己身体的观察形成她对人体的概念。因此，在孩子第一次发现自己与异性在生殖器上的区别之前，他们无法清晰地理解男孩或女孩、男性或女性的概念。在第一次遇到与自己不一样的身体时，他如何看待这件事，对我们来说非常有趣，就像那个知道母亲怀孕的小男孩，他会怎样用原始思维解释自己所观察到的现象呢？

从对婴幼儿的直接观察中我们发现，孩子第一次观察到生殖器的区别时，他们为之惊讶或震惊。孩子从来没有想过别人的身体会与自己不同，他们根据自己的性别对这一发现做出反应。如果是一个小男孩在观察一个小女孩，他看到的是小女孩身上“少”了什么。如果是一个小女孩，她看到的是小男孩身上有她没有的东西，那个东西是她身上“少”了的。当孩子试图向自己解释这一现象时，他能想到的只有原始理论：“一定是有人把它拿走了。”“它一定是被切掉了。”小男孩可能把小女孩当作残疾人，显得好像害怕类似的灾难会降临到自己头上；而小女孩显得好像自己真的受了伤，她身体上的确有什么东西被取走了。

因此，第一次发现男女有别、知道自己的性别难免会给孩子带来不安和痛苦，引起他们对身体受伤和肢体残缺的幼稚幻想。如果孩子将这种不安带入之后的发展阶段中，这种感觉会妨碍男孩对自己男性气质的理解和女孩对自己女性气质的感受。不过，通常孩子能够克服这种不安的感觉，恰当地形成作为一个男孩或女孩的骄傲和快乐。孩子通过以下这些办法做到这一点。首先，经过现实的检验，他会放弃自己的原始理论。进一步观察会让孩子得出有两种不同类型的身体的结论，他也能给自己归类。当他认识到世界上没有人伤害他的身体时，他对身体伤害的恐惧就慢慢消失了；其次，他的父母会给他必要的信息，纠正他的原始理论。他会知道，小女孩身上没有什么东西会被拿走，他身上也没有什么东西会被拿走，男孩和女孩从一出生就是他们现在这样的。他还会知道，他的身体结构跟他父亲一样，而小女孩的身体结构跟他母亲一样。就这样，孩子开始为自己的性别感到骄傲，因为他的身体结构与心爱的父母一样。

这种教育需要很长时间。即使在下一个发展阶段，也就是 3 ～ 5 岁期间，尽管并非完全是有意识的，但组成性别差异的原始理论还会继续存在。即便孩子已经知道这些原始理论是一派胡言，不再运用它们，但很长一段时间里，这些理论可能依旧时不时在噩梦中或者在扭曲的幻想中折磨他。但后来，他知道它们不是真实的，他能够处理这些让他恐惧的想法了。

我和“我”的较量

刚开始的时候，“我”在孩子的词汇里是一个指向不明和不确定的词。孩子对“我”和“你”只有一个模糊的概念，因此在说话时会混用人称代词。我记得两岁半的劳里正处于“我想自己动手”的阶段。“不不不不不！”他向想帮他穿衣服的妈妈抗议：“我你自己穿！我你自己穿！”

孩子第一次说出的“我”是一个寻求满足的“我”，一个有需要的“我”。

通常“我”这个字会像连体婴儿一样放在表达愿望的动词前面，比如“我要”。在这个年龄段，“我要”这个词每天都能被从早说到晚。“我要”是一首颂歌，是一句有魔力的咒语，孩子相信只需要简单地重复“我要”，就能带来他想要的东西或者让他希望的事情发生。“马！”当汽车行驶过农场时，劳里高兴地尖叫。他的父母屏住呼吸。然后，这句话就来了：“我要马！我要马！我要马！”这首颂歌一直唱到一位农夫和一台拖拉机进入他的视线。劳里又感到一种新的快乐。“拖拉机，拖拉机，我要拖拉机！”一辆长途客车出现了。“大客车，爸爸，大客车！我要大客车！”“你还想要什么？”妈妈问他。“我要大卡车，我要农场，我要爸爸的汽车，我要商店……”他一直往他的心愿清单上添加东西，多到我无法在这里一一列举。然后，他疲倦地睡着了。

但是幸运的是，这个有着强烈愿望和迫切需要的两岁的小家伙也在朝着另一个方向发展。他越来越能够接受无法实现的心愿的替代品，愿意用想象来满足愿望。如果他不能拥有一匹马，他可以用一段绳子作为缰绳，和乐意配合的家人或某个家具创造出一匹马。或者更好的是，如果他无法拥有一匹真正的马，他可以把绳子系在腰间，把自己当作一匹马。他也能接受玩具马或者摇摇马，把它们当作马的替代品。

此时，这个在早期成长阶段无法满足的“我”，这个与紧张和放松、愿望和即时满足这些生物学原则联系在一起的“我”，开始逐渐转变成一个依照现实要求来限制自己欲望的“我”。“我”，用心理学术语来说就是自我，成为控制人类活动的两股强大力量的调解人。一边是生物的力量，即源自生理需要和满足生理需要的强烈愿望；另一边是现实的力量，物质条件和社会规则限制着满足愿望的可能性。当现实需要抗衡生物需要时，自我就会出现冲突。这就是自我要承担的一项特殊的工作：判断和思考。自我要通过判断和思考找到解决冲突的办法，去协调这两股相反的力量。解决办法通常是妥协，自我作为调解人兼顾争吵的双方。自我就像是一位法官，通过部分的满足双方，并要求双方都放弃自己的某些诉求，来解决权利对等的原告和被告之间的纠纷。

他的心里有一个法官

用公正的法官主持解决法律纠纷的这个比喻来形容不久之后的自我发展阶段，要比形容现在我们所介绍的这个阶段更为恰当。如果将这个比喻完全用于两三岁孩子的自我，我们可能会说，下级法院最容易滋生腐败，正是在这个阶段，我们最有可能在解决争端的过程中发现贿赂、不公正和彻头彻尾的欺诈。看看下面的例子：

两岁半的朱莉娅发现厨房里只有她一个人，妈妈正在打电话。桌子上有一碗鸡蛋。朱莉娅突然有一种强烈的冲动，想把鸡蛋打碎，于是她伸手去够鸡蛋。与此同时，她也感到一个同样强烈的现实要求，那就是，妈妈绝对不会允许她打碎鸡蛋。朱莉娅的自我中出现了“我要”和“不，你绝对不能”的冲突，冲突双方都提出了自己的理由，而她要立刻做出决定。朱莉娅的妈妈回到厨房时，她发现朱莉娅正高兴地把鸡蛋往油毡上扔，每扔一次，朱莉娅都要狠狠地责骂自己：“不不不，绝不能做。不不不，绝不能做！”

在这个例子中，冲突双方的要求在下级法院里都公平地得到了倾听，而且双方都获得了胜利。这个例子中，法官有可能接受了双方的贿赂，但如果我们指控他的腐败行为，他会婉转地辩解说，他在处理争议双方的要求时是绝对公平的。

两岁的汤姆不喜欢便盆椅。对有些人来说，便盆椅是个好东西，他的泰迪熊有时候整天坐在上面，但他更喜欢用尿布。但也不完全是这样，他想让妈妈高兴。有时候就在他急于想要大便时，他要为这个问题挣扎一番。去，还是不去便盆椅？把大便拉在裤子里，还是便盆里？是让自己高兴，还是屈服于现实的要求？有一天，他一副公事公办的态度走进了洗手间，还关上了门。不一会儿，他兴奋地叫妈妈来。他妈妈满怀期望、心情愉快地来了。汤姆坐在便盆椅上，脸上露出得意扬扬的微笑。他的裤子还穿着，他把大便拉在了尿布里，但他正坐在便盆椅上。他的内心想出了一个绝妙的折中方案，满足了争议双方的要求。因此，他无法理解为什么母亲看来如此疑惑。

在这个例子中，法官与争议中的一方当事人勾结，欺骗了另一方当事人。不过，如果要指控这位法官腐败，他会为自己辩护说，在处理对这样的财产所有权的争议时无法做到对双方都公平。在此类案件中，“现实”作为获胜的一方，大多数时候应该给失败的另一方支付一点赔偿。大公司不应该占小商人的便宜。更何况，在这个案件中涉及的财产也没多少。

（在下级法院中，这些案件大多数与排泄有关。）两岁八个月大的萨莉已经完成了如厕训练，好吧，至少是差不多完成了。她穿着一条装饰着褶子的裤子，这象征对她的奖赏，是一个自信的证明，炫耀着她取得的新成就。萨莉和同龄的小伙伴玛吉一起在屋子外面玩，玛吉有时会尿湿裤子，因此穿着塑料裤子。萨莉想要小便，但她又不愿意花时间走回屋子。于是，在急于小便和现实规则的要求之间出现了短暂的冲突。这个冲突很快就得到了解决。过了一会儿，萨莉的妈妈来了，她发现萨莉的裤子尿湿了。萨莉的妈妈温和地批评了她几句，但萨莉为自己辜负了穿丝绸褶皱裤的荣誉而深感后悔。就在此时，她看着穿塑料裤、还不能控制小便的玛吉，就大声地谴责她：“坏姑娘，玛吉！”她接着说：“玛吉弄湿了我的裤子！”

在这里，我们看到了一个发生在下级法院的更为复杂的腐败行为。自我同意了萨莉小便，法官睡着了。当现实提起诉讼时，法官驳回了证据，并与罪犯合谋制造了一桩让无辜者蒙冤的案件。

幸运的是，我们没必要因为在下级法院发生的这些腐败案件而对人类绝望。我们甚至可以把这些看成是发展良好的标志！在每一个我们能看到纵容犯罪、贿赂和狡猾地变通的案件中，都存在一个明显的事实：这个两岁大的自我已经开始考虑现实的要求，即便在它运用计谋想要绕过现实要求时也是如此。当朱莉娅往地上扔鸡蛋，并因此而责骂自己时，她摇摇晃晃地向自我控制迈出了第一步。在迈出这第一步时，她的行为在前，自己的批评在后。但很快，批评便会出现在行为发生之前，并且会阻止、禁止行为的发生。无论我们何时开始教一个非常小的孩子学会控制排便，都会发现有与上面同样的机制在起作用。开始接受如厕训练的孩子一般都会在尿布里大便了之后，才会告诉我们他要去便盆。这是进步的一个标志，我们此时就可以期待他很快就会在排便之前告诉我们他要排便。汤姆坐在便盆上却把大便拉在裤子里，当他想出这样一个在卫生间里排便的折中方案时，他正迈出使用便盆的第一步，这也表明他希望妈妈高兴。他很快就会使用便盆。当萨莉因为自己尿湿了裤子而责怪她的朋友玛吉时，她是在告诉我们，她已经不能接受尿湿裤子了，因此她很快就会更好地控制小便。

在这个年龄段，我们无法与孩子谈论任何类似于愧疚感的东西。即使孩子能够在一定程度上控制自己的排便需要和冲动，我们也不能用“愧疚感”这个词。孩子对自己的不当行为已经有了内疚感，但这种内疚感只有在其行为被发现时才会出现。正是由于母亲走进了厨房并看到了油毡上摔破的鸡蛋，才让朱莉娅对自己的行为感到羞愧。大一点的孩子所形成的愧疚感是，即使他的所作所为没有被别人发现，他也会为自己的淘气行为感到自责和羞愧。因此，大一点的孩子就能够听得进去批评。这种批评会进入孩子的自我，在那里它相当于良心的呼声。但是，这些两三岁大的孩子只有在感受或预料到外界的批评时，才会有负罪感。这么一来，他们就向道德感迈出了第一步。不过，还需要经过很长一段时间，外部的警察才能变成内心的警察。

“他应该很明白！”“我一遍又一遍地告诉他！”两岁孩子的父母们困惑地发现，自己的孩子什么都懂，他们看起来前程似锦，很有希望进入白宫或者考进普林斯顿大学深造，但却在某些方面显露出令人极为苦恼的智力缺陷的迹象。很难解释为什么一个两岁半的孩子只看过一次演示之后便能拼出一个十片的拼图，但听了几百次的“不”还是学不会不要摸爸爸的唱片。

这两种学习类型的不同之处在于：在第一种情况下，想要拼图的愿望和这个愿望的实现紧密相关。“我拼的马！”在这里，除了这些拼图，孩子天生的才智不会被其他东西所干扰；在第二种情况下，孩子必须先抑制自己的愿望（玩爸爸的唱片），才能开始学习。也就是说，孩子只有对抗自己的愿望，才能学会不玩爸爸的唱片。在任何情况下，终其一生，那些需要否认自己的愿望、抑制自己冲动的学习都是最为困难的一种学习。在文明社会，这种学习是必须的。但是，当我们开始教孩子学习自我控制时，我们必须了解这种学习会遇到的困难。因为在这种情况下，教育与人的生物性是对立的。本能是人类自我中生物性的一部分，它除了自我的满足之外别无他求。

教育要求孩子控制自己的本能，从某种意义上说，这意味着和自己作对。有时候，对本能的控制可能只是要求延迟满足；有时候，需要我们有能力接受部分满足；还有些时候，要求能够接受替代满足；在一些特殊的情况下，需要运用一些特殊的机制来阻止本能的满足。这里的每一种方法研究起来都非常有意思。对于两岁的孩子来说，延迟满足意味着什么呢？我想起一个故事。

在我们的朋友简妮（就是笑面虎故事里的那个女孩）两岁半的时候，她非常喜欢吃甜食。当快吃完主食，该上甜点时，她就开始变得兴奋起来，用汤勺使劲敲打高脚椅上的托盘。“甜点！甜点！”有时候，她的吵闹声简直可以说是震耳欲聋。这种表演有时候让人觉得很好玩；但有时候，尤其是在全家人的饭菜还没有准备好、还要喂一个小宝宝、丈夫随时就要回到家的情况下，即便是最溺爱孩子的妈妈，也会对这个把戏失去耐心。这次的甜点是冰激凌，简妮的妈妈必须去楼下的冰箱里取。今晚，简妮大声要“甜点”的尖叫声、汤勺敲打高脚椅的砰砰声惹怒了妈妈。妈妈恼怒地说：“噢，简妮，耐心点！”接着她就离开厨房，下楼去取冰激凌。当简妮的妈妈回到厨房看见简妮时，她就惊慌了。简妮看上去好像在抽搐，她直挺挺地坐在儿童餐椅里，紧握双拳，瞪着眼睛，小脸涨得通红，似乎无法呼吸。妈妈放下手中一切事情冲向简妮。“简妮！你怎么了？”她喊道。简妮呼出一口气，松开了她的拳头。“我在有耐心！”她说。

这就是“有耐心”对两岁孩子所代表的意思。为了延迟满足某种迫切的愿望，孩子需要付出如此艰辛的努力，以至于他们必须集中所有的力量来抑制自己的愿望。当需求非常强烈时，孩子往往无法集中足够的力量对抗自己的愿望，因此对于整个家庭而言，两岁是一个非常难熬的时光。

父母抱怨他固执和倔强；姐姐抱怨他缺乏合作意识：“他不愿意分享。他希望什么都是他自己的。”如果有弟弟或妹妹，他们也会加入声讨他的行列。当没人看见或听见这个两岁孩子的动静，家里难得出现了片刻让人愉快的宁静时，母亲会出于直觉而神经紧绷，时刻准备着听见从宝宝的房间传来的尖叫声。除了家里的狗每个人都埋怨他。当这个两岁孩子跟在狗后面高兴地叫喊时，这个聪明的动物会躲到沙发下面的避难所里。

但让人惊奇的是，从这些不祥的苗头中，一个有教养的孩子开始出现了。我们刚刚刻画的是一个两岁的孩子在其忧心忡忡的父母眼中的负面形象。其实，两岁的孩子还有另外一面，这一面才预示着他真正的未来。

他深深地、温柔地、不顾一切地爱着他的父母，把父母的爱看得比世界上任何东西都宝贵。为了公平起见，他也非常非常爱自己。爱自己和爱别人之间的冲突是导致他这个年龄许多问题的根源。但在面临考验时，胜出的将是对父母的爱。如果他惹得父母不高兴了，他就会闷闷不乐，甚至他对自己的爱也会减少。他想变得更好一点儿，以赢得父母的爱和认同，这样他才能爱他自己（这就是我们在后面要说的自尊）。他通过内化父母对自己不可接纳的行为的态度，开始他的社会化进程，他自己也开始不喜欢这些行为。他通过把自己与这些行为脱离干系，并将其归咎于别人或其他东西，来处理自己不被接纳的冲动。这是他的第一个进步，但我们很难立刻识别出这一点。

做坏事的不是我

他结交许多伙伴，他们很多都是想象中的伙伴，就像伦理道德剧里面的人物一样，它们是他的恶习的化身。（他把美德都留给自己，在他身上和谐地积聚了仁慈、善行、真理和利他主义。）仇恨、自私、肮脏、嫉妒以及其他邪恶都像魔鬼一样从他身上被驱逐了，被迫去寻找新的主人。

> “我不喜欢杰拉尔德，杰拉尔德咬人！”史蒂夫在饭桌边说。“谁是杰拉尔德？”妈妈疑惑地问。“杰拉尔德是我的朋友。”史蒂夫说。“他住在哪儿？”妈妈不解地问。“住在地下室里。”史蒂夫说。“史蒂夫发脾气的时候咬人吗？”他的父亲敏锐地问了一句。“噢，不，不是史蒂夫。”这个叫史蒂夫的小男孩说，“史蒂夫是个好孩子。”他又加了一句，“史蒂夫是我的朋友。”
>
> 就这样，杰拉尔德来到了这个家庭，并把这个家里的生活搞得一团糟。当爸爸的烟斗被弄坏时，没有谁比这个受到大家怀疑的两岁大的儿子更愤怒。“杰拉尔德，你把我爸爸的烟斗弄坏了吗？”他想知道答案。杰拉尔德拿不出任何理由为自己辩解，而且明摆着，只有杰拉尔德才干得出这种坏事。如果杰拉尔德不是一天中十几件罪行的肇事者，他就是那个指使别人实施其犯罪计划的狡猾的家伙。当所有证据都表明，是史蒂夫把妹妹的洋娃娃扔进了马桶里时，他会绝望地大喊：“是杰拉尔德让我干的！”偶尔，这个魔鬼会应召回到史蒂夫身上。如果某个倒霉的早上，史蒂夫下楼来吃早餐时心情不好，叫他也不答应，你可得坚强点。“史蒂夫，你想喝橙汁还是菠萝汁？”“我不是史蒂夫。”一个不祥的回答。“什么果汁也不想喝。”“史蒂夫，你想要……”“我不叫史蒂夫。我是杰拉尔德。”接着，杰拉尔德立刻就会展示他那令人难忘的坏脾气，让大家知道他在餐桌上现身了。

要认识到杰拉尔德的作用，我们就不能误以为他只不过是个替罪羊。他当然是替罪羊，但更为重要的是，这代表着史蒂夫开始自我批评了，开始对抗自己不可接受的冲动行为了。朝这个方向迈出的第一步是将这些行为驱逐出去。我们会问，这么做有什么好处呢？既然大家都知道这是抑制人们冲动的最为原始的方法，那为什么还要说这是迈向文明的一步呢？这么说也是对的。如果我们在成年人，哪怕是再大一点的孩子身上发现这种情况，我们并不会对他的这种人格倾向有很高的评价。我们会批判那些看不到自己的错误、只会批评别人的人。没有一个人，甚至成年人也无法完全摆脱这种原始倾向，但我们肯定不会将其看成一种有教养的品质。那为什么对史蒂夫而言，我们却称之为进步呢？

我们之前已经提到，把自己不被接受的冲动驱逐出去，是史蒂夫开始反对这些人格倾向的第一步。我们作为成年人在抵制诱惑时，会认为这些诱惑来自我们的内心，魔鬼就在心中，我们调用自己的良知来对抗不受欢迎的冲动。如果自己的冲动与良知的禁令发生冲突，我们会认为这种冲突是内在的冲突，是源自我们人格中两种力量的冲突。最重要的是，我们认为这些不好的冲动是我们自己的。我们不喜欢它，但我们也不否认它源自我们自身。但史蒂夫这个年龄的孩子，表现得好像这种不好的冲动不是他自己的，而是来自外界的，实际上是来自另一个人。

史蒂夫知道杰拉尔德根本就不存在，是虚构出来的，但通过创造出杰拉尔德，他有几个重要的收获。首先，他想避免父母对他的不良行为和不被允许的冲动的批评。“是杰拉尔德干的。”其次，史蒂夫可以维护他对自己的爱。如果他承认那些不被允许的冲动是他自己的，那么，就是承认自己的身体里有一个淘气的孩子，也就是他自己，他就不能爱自己了，这是无法忍受的。（当我们成年人发现并承认自己有令人讨厌的一面时，我们的反应与此类似。我们会失去自尊心，无法再爱自己，除非我们能找到摆脱这个让人难以接受的品质的办法。伴随这种发现而来的孤独感也是我们难以忍受的。我们会说，感觉像是失去了自己最后的一个朋友，在我们不能爱自己时的确如此。）

杰拉尔德的第三个作用与“魔鬼”在人类历史上的用途一样。“魔鬼”的作用就是用各种他喜欢的形式把自己奉献出来接受惩罚，以得到人类的喜爱。人类很难克服抽象的恶习，在人类的文明史中，人类花了很长时间才认识到，折磨和诱惑人类的“魔鬼”与“魂灵”其实是自己天性中某一面的化身。与自身之外的对手作战要比与自己作战容易得多。与自己作战的困难在于，如果你赢了，你也就输了；如果你输了，你也就赢了。把魔鬼当作客观的对手，其好处就在于，如果你战胜了它，你的胜利是不容置疑的。

毫无疑问，“魔鬼”是在文明的曙光中被创造出来的，是从某个野蛮人的灵魂中被驱逐出来的，这个野蛮人通过抑制自己的本性变成了第一个文明人。所以，把杰拉尔德驱逐出来是史蒂夫童年早期的一个重大事件。这意味着，史蒂夫感到了他的人格中两种力量的冲突，一种是我们称之为本能和欲望的力量；一种是我们称之为理性和判断的力量。后者的发展在很大程度上是受环境影响的。人格中这两部分对抗的结果，取决于理性的一面能够在多大程度上压制生物性的一面。史蒂夫在第一次斗争中重复了远古祖先们驱赶内心魔鬼的经历，他让杰拉尔德成了他客观的对手，这样，他就更容易与之作战了。

这是什么样的战斗呢？请将书往回翻翻，找到杰拉尔德出现的地方。从前面的叙述中，我们看不到史蒂夫与杰拉尔德之间战斗的迹象。看上去他们和平共处，完全是一对各取所需的好搭档，甚至有一些可靠的证据表明，当他们意见相左时，杰拉尔德很容易获胜。凡是与魔鬼交过手的人，一定会承认，在最开始时都有类似的经历。事实上，重要的是史蒂夫对他内心的魔鬼说话的方式！

我在开玩笑吗？根本不是。“杰拉尔德，你把我爸爸的烟斗弄坏了吗？”史蒂夫气愤地问道。好吧，你会说这是虚假的愤怒，或许如此，但由于整个事件都是伪造的，我们就不能指望一个更让人信服的指责了。但史蒂夫对杰拉尔德说话的方式和语调与父母责备孩子淘气时的一模一样，他借用了父母对待他的淘气行为的态度，就像父母对待他那样对待杰拉尔德。这显得十分滑稽可笑，我们几乎无法把它视为儿童人格发展中的一步，但是，毋庸置疑，这是自我批评能力正在出现的一个标志，最终会让这个孩子能够控制自己的冲动。用专业的术语来说，他已经开始认同他的父母以及他们的标准与禁令了。当然，对父母标准的真正认同还没有形成。在两岁的孩子能够将这些标准内化，使之成为自己人格的一部分，并能用它们进行自我控制之前，还有很长的一段路要走。在接下来的许多个月中，他必须依靠外界的控制来约束自己的行为。他会努力做一个"好孩子"，不是为了取悦自己，而是为了取悦他心爱的父母。他将抑制住自己某些淘气的冲动，不是因为他不允许自己这么做，而是因为他预料到这会招致父母的批评和反对。他还没有形成愧疚感，他仅仅处于愧疚感的萌芽阶段。

杰拉尔德的第四个作用是为了让自己出局，因为尽管在某个发展阶段，他能够服务于特定的目标，但显然他不是那种你想永远与之相伴的人。因此，杰拉尔德必须原路返回到自己的发源地。史蒂夫必须为他的杰拉尔德承担起责任，承认无论内在的自我如何不和谐、无论与自己的顽皮冲动做斗争有多么不愉快，事实就是，杰拉尔德并非存在于自己的人格之外，杰拉尔德和自己是同一个人，或者正如史蒂夫可能看到的那样，他们是自己的两个部分。这一步自然而然地发生，是父母对待杰拉尔德的态度的结果，因为没有哪一个父母会允许史蒂夫用杰拉尔德这样一位虚构的人物来掩盖真正的问题。父母会坚持认为，是史蒂夫弄坏了爸爸的烟斗；父母不会接受，一个虚构的魔鬼驱使史蒂夫把妹妹的洋娃娃扔进了马桶里；父母不会相信，这个在餐桌上发脾气的小男孩是神秘的杰拉尔德。虚构的杰拉尔德遇到来自现实的各种力量，每一次的失败都会削弱杰拉尔德的力量。渐渐地，杰拉尔德失去了他的作用，史蒂夫很不情愿地把诱惑和想要淘气的冲动看作是自己内心的冲动。史蒂夫提到杰拉尔德的次数越来越少。有一天，你问史蒂夫："说说吧，杰拉尔德怎么样了？我很久没听到他的消息了。""谁是杰拉尔德？"史蒂夫说，他真的会被你弄糊涂。

爸爸妈妈注意啦！

- 在孩子能开始说几句简单的话之后，对他的教养就变得容易多了，这不仅是因为父母与孩子之间的交流得到了改善，还因为孩子自己开始学会运用语言来控制冲动。
- 第一次发现男女有别、知道自己的性别难免会给孩子带来不安和痛苦，引起他们对身体受伤和肢体残缺的幼稚幻想。
- 教育要求孩子控制自己的本能，从某种意义上说，这意味着和自己作对，父母必须了解孩子在这种学习中会遇到的困难。

THE

Magic Years

05

认识现实世界

良知形成

我们已经确定了这样一个事实，即两岁的孩子还没有形成良知。这里需要讨论一个父母们最感兴趣的话题：孩子的良知来自哪里？

在讨论“某个发展阶段”时，我们遇到的困难之一是人们认为“孩子长大就好了”，通俗地说，人们常常把这视为一种蜕变，认为这是生命过程中会自然而然出现的新阶段，就像毛毛虫最终会变成蝴蝶一样。然而不幸的是，人类的孩子不会蜕变，如果我们只是耐心地等待奇迹出现，对孩子的社会性发展和道德感的形成袖手旁观，就会发现这个热爱享乐的小家伙完全满足于顺其自然。

必须注意，不要混淆了孩子的生理性发展和社会性发展。身体发育遵循着一个明确的、可以预见的途径走向成熟。例如，一个学会爬的孩子再长大一点之后，肯定会放弃这种行动方式，学会直立行走。这种生理上的成熟遵循人类的遗传规律，一定程度上独立于后天教育。但是儿童的社会性发展，即行为标准的获得、对冲动与欲望的抑制，离开了教育便无法形成。除非我们要求他，否则小孩子无法学会控制自己的冲动。他没有自己的动机，也没有

“成为好孩子”、“做一个不自私的人”和控制自己胃口与脾气的遗传倾向。这些动机最早是由孩子的父母提供的，且要在很久之后，孩子才能把它们称为自己的动机。

他还是个意志薄弱的小家伙

说到幼儿“道德感的形成”，我们只能遗憾地面对这样一个事实：即便父母采用了最好的教育方法，让两岁孩子在他满三岁时，自控力有了极大的提高，但从严格意义上来讲，仍然不能说他形成了道德感！因为这时孩子的自控能力仍取决于外部的因素，即父母对其行为的赞同与否。而道德感，就其本意而言，是由人格掌控的行为准则和禁令构成的，并从内部约束人的行为。这种内在的准则通常不受外在控制的影响。当一个人有道德感时，无须外部的“警察”，他也会禁止自己做某些事情，约束自己的冲动，对违背道德感的行为感到内疚。这样的道德感直到孩子五六岁时才会出现；到 9 岁或 10 岁时，才能在孩子的人格中稳定下来；在青春期的最后阶段，孩子开始独立于父母，他们的道德感才能完全摆脱外在权威的影响。

那么，我们为什么要讨论两岁孩子的道德感形成这个问题呢？因为我们已经知道在孩子出生后前几年里，父母教养孩子的方式会影响孩子以后的自我控制的方式，而这些方式会成为孩子道德感的组成部分。因此，我们可以在童年早期、在道德感出现之前，讨论道德感的建立。

在一岁半到三岁之间，孩子对自己冲动的克制很大程度上仍然依赖于外部因素。当朱莉娅有把鸡蛋扔到厨房地板上的冲动时，如果妈妈也在场，这个冲动就很容易被打消。如果孩子还没有拥有任何类似于道德感的东西，就不会通过自我克制来约束想要打碎鸡蛋的冲动。一个行为端正的两岁孩子最多会在内心唤起妈妈不赞成其行为的一个心理意象，由于预料到妈妈的不赞成，才会在动手打碎鸡蛋之前放弃这种做法。但是，道德感并没有介入这一过程。

如果我们问:“两岁孩子用什么方法控制他的行为呢?”我们把孩子的父母列于首位。孩子对父母的爱、对父母的赞同与否定的重视极大地影响着他们的行为。这听起来像是老生常谈,不值一提,但我们仍然要一再重申并希望父母能充分理解这一点。如果孩子不在乎父母是否赞同他的行为,他就没有控制自己行为的动机,那么他就只会做任何让自己高兴的事。

“这不公平!”两岁孩子的父母会异口同声地表示反对,“我们连着几个月,每天无数次地说‘不不不’,但他还是将他父亲的唱片和墙上的电源插座当玩具玩,更过分的是,他在做这些事的时候还咧着嘴对我们笑。这些不都是父母不赞同的吗?还是我们什么地方做错了?”

这些表示抗议的父母需要一个道歉和一个解释。当两岁的孩子一再重复父母不赞成的行为时,并不一定会损害到父母对他的爱或他对父母的爱。正如我们所看到的,他仍然是一个有着强烈欲望但自控力薄弱的小家伙。在语言能力发展到可以帮助他克制冲动之前,我们需要好几个月的时间,啰唆地对他重复同一个禁令,而且禁令的累积效应出现得很慢,以至于普通父母很难发现有什么进展。尽管如此,你还是会看到两岁大的孩子在重复他自己最喜欢的把戏之前的犹豫;在他被父母责备时,脸上会时不时浮现出内疚的神情。这表明他意识到了父母的态度,并对此有所反应。在出生后第二年的某个让人愉快的月份里,他确实会开始表现出一些控制冲动的能力,因为,获得父母赞同的愿望终于战胜了做被禁止行为的冲动。

因此,完全没有必要改变我们最初的说法。最终,孩子为了获得更大的满足和父母的赞赏,而放弃个人意愿。对于非常小的孩子来说,我们只需要得出这样的结论:**在幼儿能为了获得父母的赞同、实现情感满足而牺牲自己的快乐之前,我们要花费很多时间对同一类事情进行多次教导。**

更好地对孩子说“不”

在上一章,我们发现,两岁的孩子在学习自我控制时,很难做到违背自己的愿望。一个很聪明的两岁孩子可能会理解相当多的话、会做相当复杂的智力游戏，但他却无法“理解”“不”的意思。这种困难并不是由于孩子智力的不足造成的，也不仅仅是通常所说的“倔强”。而是因为，他的欲望非常强烈，不知道如何对自己说“不”。

粗心的父母会发现，自己正在与一个蹒跚学步的孩子进行较量。如果简单的禁令不起作用，父母就可能采取更强硬的办法。那些原本不相信打手或打屁股有用的父母会发现自己正在这么做。这样就会出现一个新的循环，一个愤怒而叛逆的两岁孩子，有了第二个动机：报复。这是真正的危险所在，因为这种较量会导致双方的念头越来越强烈，以致严重损害亲子关系。如果父母希望能有效地教育孩子进行自我控制，他就一定不能让亲子关系恶化成战争状态。否则，所有的教导都会被孩子拒之门外。

“但是，你没办法和这个年龄的孩子讲道理呀！你还能怎么做呢？”确实如此，在孩子进入理性思维之前，在他们的语言能力发展到能够与我们轻松交流之前，我们能够用来影响孩子的手段的确有限。虽然我们都认为一个坚定、明确的“不”，以及父母表现出来的不赞同，能起到一些约束孩子的作用，但一定不要把禁令看成是教孩子学会自我控制的唯一手段。对那些还不能熟练运用语言的两岁半孩子来说，如果在采取“阻止”措施（直接禁止和说“不”）时比较温和，并且以提供“替代品”的办法为主，试着转移孩子的注意力，并为其提供另一种满足，他就能够更好地配合我们的教育。

那些还无法有效约束自己某种冲动行为的孩子，可能乐于把他的冲动转向其他方面，或者乐于接受新的目标或其他替代目标。例如，那个玩唱片的两岁孩子，与其对他不停地说“不、不、不”（尽管把唱片放到他看不到的地方也很容易，但我们在此假设这种做法不现实或不可能），不如给他提供一个可以玩的东西代替唱片，让他把玩唱片的念头转移到其他方面，后者对于化解他的冲动会更容易一些（但在某些情况下也不是特别容易）。在我们与两岁的孩子进行“不、不、不”的较量之前，收集准备扔掉的旧唱片，提前做好准备会很有用，每当孩子想要拿爸爸的唱片时，把这些旧唱片给他，告诉他这些是可以玩的“爸爸的唱片”：“看，我们为乔尼把唱片放在这儿了，乔尼可以玩这些唱片，但不能玩其他的唱片。”我们猜测，爸爸的唱片对于乔尼可能有某种特殊的意义。他爱爸爸，希望得到一些属于爸爸的东西，他是在表达自己对爸爸的一番心意。因此，替代品必须是爸爸的东西，乔尼才能够接受。

“所有这一切，”父母们会直接反驳我，“都是说起来容易，做起来难！你曾试过让一个两岁的孩子改变主意，而接受替代品吗？”当然，这的确很难！这需要我们耐心地去重复和教导，但用这种方法，起作用的可能性比较大。而整天对孩子不停地说“不、不、不”，除了让母亲和孩子都紧张兮兮之外，不会有什么好结果。我还想再重复一遍，在与孩子进行“不、不、不”的较量之前，采用这种替代方法会比较容易。一旦孩子在较量中获胜，爸爸的唱片成为奖品，孩子就很难接受替代品了。

当然，对于学步儿来说，触摸和摆弄自己看到的东西是多么有必要，那么，**在这几个月里，我们可以先把贵重、易碎的物品放到孩子看不到的地方，以避免许多不必要的冲突**。有些父母反对这个提议：“我不想让我的客厅空荡荡的。他迟早得学会爱惜东西，为什么不从现在就开始呢？”因为现在他还没有足够的控制能力，我们也还无法通过语言与他进行良好的沟通。在学习自我控制的开始阶段，教他“不要摸”非常费力，让人疲惫不堪。几个月以后，或许就在两岁半到三岁之间，我们就会发现他愿意迁就我们，接受自我控制了，这是因为他控制自己冲动的能力提高了。我们已经在如厕训练、控制自己的攻击行为、为了别人的利益而牺牲自己的利益等方面，对孩子提出了很多重要的要求，而且，为了孩子自身的利益和家庭和睦，有些教育问题可以推迟一点儿。在两岁的前几个月，在我们繁重的教育任务中，让孩子爱护烟灰缸或威尼斯雕像并不是最重要的目标。

不要让被抑制的本能来“复仇”

我们感兴趣的是，如何通过转移孩子的冲动、为孩子提供替代品，来教孩子学习自我控制。两岁的孩子除了对前面所说的唱片和咖啡桌上的装饰物感兴趣之外，还会出现一些其他我们必须面对的现实而严峻的教育问题，我们对这些问题不能视而不见，它们中的许多都与“攻击性”有关。

让我们来看看我的一位小朋友劳瑞不久前出现的问题。在劳瑞两岁四个月的时候，他的小妹妹出生了。父母事先做了一些准备工作，劳瑞知道小妹妹在妈妈的肚子里，并且有一天会出来。我们赞同让孩子为新的重大事件做好准备，但我们必须承认，没有哪个孩子能为新宝宝的到来做好现实准备，也没有哪个孩子能够预料或想象自己与一个活生生的小婴儿共处一室的生活。在新宝宝降临时，我们还容易忽略掉一点。那就是，妈妈会离开劳瑞去医院分娩，而这是劳瑞第一次经历与母亲这么长时间的分离。妈妈不在家的这一周里，劳瑞的失落感和被遗弃感比神秘的妹妹带来的竞争感要强烈得多。当妈妈带着新宝宝回家时，劳瑞的被遗弃感和对竞争对手的敌对情绪交织在一起，形成一种格外强烈的反应。就好像母亲真的把他抛弃了，去找了另一个孩子来爱。

在宝宝出生后的头几周里，劳瑞一直很努力。他模仿大人，咿咿呀呀地逗妹妹，他还“帮着”照料妹妹。但有时候，爱与恨的冲突令他难以忍受。当他抱着小妹妹亲昵地喃喃低语时，相互冲突的强烈情绪会让他抱得过紧。当攻击性情绪占上风的时候，他会掐她、打她，或者拿根木棍吓唬她。

很明显，我们不能允许劳瑞或任何一个孩子攻击婴儿。我们同情劳瑞的感受，但必须阻止他伤害妹妹。在这件事上，劳瑞父母的态度很坚决。他们告诉劳瑞，不允许他伤害妹妹。如果他做出伤害妹妹的举动，他们会表示反对。劳瑞极为努力地控制自己（并不总是能成功），但这种控制自己的努力导致劳瑞每天要“无缘无故地”发几十次脾气。这个小男孩在几个星期前是那么开朗、温和，现在却变得暴躁和不听话。如果父母现在不能帮助他的话，将来他们肯定会遇到更大的麻烦。父母竭尽所能地安慰他，让劳瑞相信他们爱他。这有点儿用，但劳瑞内心的愤怒并没有消失。劳瑞需要表达出自己内心强烈的情绪，可是这么小的孩子只会用行动来表达，因为他还无法用语言来表达这些。

这就是我们在面对劳瑞这个年龄的孩子时左右为难的处境。我们不允许他用身体攻击的方式表达攻击情绪，而这个两岁四个月的孩子的词汇量又不足以让他能用语言来表达攻击情绪。

如果劳瑞再大一点，已经掌握了足够多的词汇来表达自己，我们就可以对他说："我不允许你伤害妹妹，但是在你感到特别生气的时候，你可以告诉我。"然后，我们帮助劳瑞说出自己对妹妹的嫉妒。哪怕只是三岁大的孩子都有可能说："你喜欢她胜过喜欢我。"或者："我想让她回去，我不想要妹妹。"大一点的孩子或许还能把他的破坏欲说出来："我希望她是只蚂蚁，这样我就能踩死她！"孩子能通过把自己受到伤害的感觉和敌意用语言表达出来，从而缓解自己的情绪。通过语言表达出自己的感受，他就不会再那么强烈地想要对妹妹采取攻击性行为。

但是，对于还不会用语言充分表达自己感受的劳瑞，我们应该为他做些什么呢？是否有其他事情可以替代攻击行为，让他释放自己的情绪，不将它们发泄到妹妹身上呢？

劳瑞的父母是我的朋友，我们在一起商量帮助劳瑞的办法。我建议给劳瑞买一个叫“胖猪”的塑料充气娃娃代替妹妹，作为他攻击行为的目标。我们告诉劳瑞，当他生气时，可以打“胖猪”，但我们不允许他打妹妹。于是，劳瑞的父母从附近的杂货店买了一个“胖猪”回来，并立刻就把它装好，满心希望这办法能管用。在有关儿童心理学家和父母的童话里，事情到此就圆满结束了。因为已经有了成功的解决办法，家庭又和睦如初了。让我们来看看事情真相吧。

第二天，劳瑞的母亲给我打电话。"你书上写的不对！"她直言不讳地批评我。这种态度在我所有的朋友和亲戚中都很常见。（而前来找我做专业咨询的父母们总是深信，如果我的建议不起作用，一定是他们自己出了问题。）“发生什么事了？”我问。“劳瑞不想打‘胖猪’。他说‘胖猪’是他的朋友。他抱着‘胖猪’还想把它带到床上去。现在，我们把这个塑料的大家伙摆在客厅的中间，以前连钢琴、沙发和劳瑞的玩具卡车都不能摆在这里。不过，别管这些了。你的书上是怎么说的？我们现在该怎么办？”

我们又仔细考虑了整个情况。毕竟，劳瑞对待“胖猪”的态度合情合理。他对“胖猪”没有怨气，“胖猪”也没有得罪他。他对妹妹凯伦才是真的心怀怨气。要让他把自己的敌意从一个活生生的对手身上转向被他当作朋友的塑料娃娃身上确实有些难。不过，在劳瑞这个年龄，友谊是非常不稳定的，我们可以从这一点上寻找突破口。如果“胖猪”陪着劳瑞的时间再长一些，或许他对“胖猪”的喜爱之情会冷下来，最终将随时都会出现的敌对情绪转向“胖猪”。所以，我们决定给“胖猪”一周或更长时间的试用期。每当劳瑞想打妹妹时，我们便一再向他解释，如果他生气的话，可以打“胖猪”，但不能打妹妹。

差不多两个星期以后，“胖猪”取代了凯伦成为劳瑞的攻击目标。又过了一个星期，“胖猪”被打得几乎无法修补了，但现在这已经不重要了。在劳瑞调整情绪的这个过渡期，“胖猪”帮了大忙。劳瑞不再打凯伦，他的坏脾气也消失了，剩下的敌意和怨恨完全是他能控制和处理的了。

劳瑞的故事能帮助我们理解，在教孩子学习自我控制的初期，如何处理他的攻击性。在我们要求劳瑞克制自己对妹妹的攻击行为的同时，应该承认他有强烈的攻击情绪，他也没有办法控制自己。我们应该选择一种处理办法，让他那些情绪通过使用替代品，以一种被允许的方式表达出来。

我们来看看如果用其他方式来处理这个问题，可能会给这个年龄的孩子增加哪些额外的问题。在一开始，父母要求劳瑞停止打妹妹时，他那未能通过行为表达出来的攻击性以发脾气这种不受欢迎的方式释放了出来。我还知道其他一些孩子，在类似的情况下出现了另外一些形式的问题。一个因为攻击小弟弟而时常被打屁股的小女孩，不久之后变成了一个没有任何攻击性的模范孩子，但她出现了严重的睡眠障碍，而且她害怕很多东西，不得不整天黏着妈妈。而另外一个小女孩，父母教她以爱的行为来代替对妹妹的敌意行为，结果，她形成一种习惯，对任何自己不喜欢的人都表现出夸张的爱，并且她还用尿床来释放被压抑的愤怒。

从这些例子中可以看出，如果父母采取足够强硬的办法，一个两岁大的孩子能学会完全抑制自己的攻击性，但他为了实现这种控制而要付出的代价，可能是今天的父母们不愿意看到的。一开始，父母们需要付出更多的时间和耐心慢慢地教孩子学会控制，以这种方式学会自我控制的孩子以后会形成良好的自律能力。尽管教劳瑞向塑料娃娃而不是妹妹发泄攻击情绪是件很枯燥的事，但每天忍受孩子发几十次脾气，每天晚上为一个焦虑的孩子起来好几次，或者在今后几年里都要为一个尿床的孩子换床单，就远远不只是枯燥了。如果我们在改造本能时不让它们得到部分的满足，那么被抑制的本能就会为自己复仇。

理解但不纵容

在处理劳瑞的攻击性时所采用的方法，只适用于尚未学会说话或还不能熟练地运用语言的孩子。这是一种初级的教育策略，对四五岁的孩子基本没必要再用这种方法，也很难想象有什么情况需要把这种方法用于学龄儿童。**一旦孩子开始说话，就要开始教他不要只是释放攻击情绪，还要逐渐要求他说出自己的感受，用语言来处理冲突，控制冲动。**年龄更大一点的孩子也能通过游戏来充分释放攻击情绪。我们不希望孩子在家里或与邻居相处时，其行为都是围绕着释放压力，例如，“我对你很生气，我要打你”，或者“我对你很生气，我现在就要发脾气”。

语言让教育工作变得更加容易，我们可以利用孩子逐渐提高的语言能力。当他用大发脾气来宣泄情绪时，我们可以表示不赞成他的这种方式。“你是个大孩子了，你可以把你的感受说出来！”我们这样对他说。“你可以告诉我你想要什么。”我们鼓励他用语言来表达，赞赏他运用语言表达而不是胡乱发泄原始情绪的努力。我们要以一种巧妙、有时也要坦率的方式避免让乱发脾气的行为得到奖赏，不能让他因为发脾气而得到什么；与此同时，当他用语言表达时，我们要耐心地倾听，并尽可能地实现他的愿望。当然，我们并不能指望孩子掌握了语言能力就能自动停止发脾气，也不能保证孩子所有的行为都在我们的掌控之下。但是，我们正在教孩子从初级表达方式走向高级表达方式，并期望在接下来的几年里，高级思维方式能代替婴幼儿期所使用的简单、原始的紧张－释放机制，对孩子施加越来越多的影响。

我们之所以强调这个过程，是因为在当今对孩子较为宽容的教育方式中，存在这样一种趋势：即便孩子已经掌握了更高级的情绪控制能力，我们仍然允许他们停留在紧张－释放阶段。我们一再迁就孩子的坏脾气、身体攻击行为、尖叫，以及他要求的即时满足或关注。现如今，一些六七岁甚至八岁的孩子，在其他方面发育都很正常，就是因为父母没有对他们提出自我控制的要求，他们还在用原始方式释放情绪。这种情况并不少见！

父母不明白孩子在每个年龄段应该达到哪种程度的自我控制，这是可以理解的。在孩子还没准备好之前就提出过分强硬的要求会对他造成伤害，因此，许多父母宁愿减少对孩子的要求。但是，对孩子要求过少也会带来危害。那些不断纵容冲动的孩子，那些仍然用原始机制释放情绪的孩子，不仅会行为不当，他的智力发育也会迟缓。不管他天生的智商有多高，如果直接行动和即时满足是他的行为准则，他就没有什么动机去发展自己的高级心理过程，去思考、创造性地运用想象力，进而升华自己。简而言之，如果我们不要求孩子逐渐用高级心理活动模式代替直接行为，他就会自然地停滞在情绪释放的初级水平，因为这样更容易。

那么，能找到一个儿童发展原则指导我们对孩子的规划，使我们对他自我控制的要求符合他的发展状况吗？显然，在语言和思考代替直接行为之前，我们需要对孩子通过物理手段释放情绪的做法更宽容一些。在孩子两岁半以前（鉴于儿童正常发展的差异性很大，有些孩子可能要到满三岁时），他的心理过程还没有发展到能自我控制的程度，我们就不能对他期望过高。但这并不意味着，我们可以不过问他自我控制能力的发展，不称赞他的良好表现，不反对他的不良行为和破坏行为。

孩子还没有随着心理过程的发展而形成自控能力，所以我们对他的过失不必感到惊讶。渐渐地，随着孩子心理过程和语言能力的发展，他就会越来越乐于用语言和思维来代替行动，于是，我们就会提高对他的期待，要求他更多地运用语言和思维来处理自己的冲动。但是，我们必须记住，对孩子的这种教育需要花费数月甚至数年的时间。尽管我们可以期待孩子在快三岁时自控能力会有所提高，但他仍然是一个追求快乐的小家伙，经常会因为管不住自己而犯错，对此我们也不必惊讶。我们是老师，对孩子的要求标准往往会略高于他实际能达到的程度，而我们知道这种学习是多么难，因此当孩子不可避免地犯错、退步和停滞不前时，我们要接受这一切。

孩子自控力的弱点

一旦语言承担起构建心理机制的功能，我们就开始看到一个类似于控制系统的东西，它允许一些冲动“通过”，把一些冲动转移到其他方面，还会在危险的十字路口阻止另一些冲动。不幸的是，在几年之内，孩子都无法把这套控制系统完善为具有高度组织性的系统，而且两岁孩子的心智结构在早期运行这个控制系统的过程中会出现机械故障，给他们带来很多棘手的问题。让我们来看看这个早期控制系统有多么不称职。例如，每当想要任性时，一个两岁半的孩子必须对自己说“不，不，绝不能这样做”，他要竭尽全力才能阻止自己。每当他想要控制自己的冲动，他都必须告诉自己该怎么做，这让他感到厌烦。对于两岁的孩子来说，这种感受或许与父母在类似情况下告诉他该怎么做一样。因此，很多时候，年幼的孩子要么忘记给自己发出指令，要么发出的指令太晚。

让我们把这台“手动”机器与以后形成的自动化机器做个比较。在孩子五六岁时，这个系统的大部分就完全自动化了。一旦信号闪现，系统立刻做出响应，无须经过意识思维，冲动就被阻止或释放了！除非这台机器遇到了必须采用新办法才能解决的问题，否则，他可以不假思索地做出大量的决定。当一个六岁的孩子面对厨房桌子上放着的一碗鸡蛋时，他既不会想打碎鸡蛋，也用不着去阻止这个念头。如果他想要淘气，在他还没有意识到这一点之前，想要淘气的冲动就被阻止了。孩子用这样的方式，每天做出数以百计的决定。在他们身上，自动信号系统承担着处理冲动的大部分工作；而两岁的孩子则必须在意识层面保持清醒，强迫自己与这些冲动做艰苦的搏斗。

所以，两岁孩子的控制系统还不够称职，到处都是缺陷，很容易出故障。它可能会发出很混乱的信号，也可能根本就不发出信号。有时候他们会发现，操作这个系统的过程太复杂了，于是他们就会把自己的失败怪罪到外界的一个恶魔代言人身上，就像史蒂夫的“杰拉尔德”一样。在这个发展阶段中，很多焦虑都应该归咎于这个控制系统的薄弱。一个努力控制自己冲动的幼儿很容易因为压抑自己的愿望而感到紧张，在他试图解决冲突的过程中，会产生奇怪的、无法解释的恐惧。在这种情况下，控制系统似乎向孩子提出了超出其能力范围的要求。因此，早期控制系统存在着不称职到夸大问题的严重性等方面的不足，我们甚至可能发现这些不足会通过孩子的行为表现出来。

过度宽容与过度严格的不良后果

从早期的这种无序之中如何发展出一个稳定的控制系统呢？让我们再来看看我们的朋友史蒂夫。还记得吧，一开始当史蒂夫试图克服某种冲动时，他会否认自己的这些冲动，并将其归咎于神秘的杰拉尔德，这样，史蒂夫就可以随心所欲地批评杰拉尔德，为管不住自己而责备他。我们把这些视为自我批评的第一步，也把这看作是幼儿在协调自己内心冲突，以及在为自己的冲动承担责任时遇到了困难。最终，每个史蒂夫都必须忍受他的杰拉尔德，承认淘气的冲动源自自己的内心，是自己的一部分，并且只能由自己来控制。

但是有时候，我们会看到一个孩子很难整合自己的这两个部分，甚至在之后的发展阶段中仍然把自己的问题投射给别人，或者用其他方式拒绝为自己的行为承担责任，我们认为即使对于儿童来说这种情况也是不正常的。因为，即便是一个只有两岁大的孩子，我们也能够看到一些迹象，显示出他为自己的行为承担责任，以及为自己的错误感到懊悔或内疚。如果我们看到一个五六岁或更大的孩子，经常用这种方式逃避责任，且没有愧疚感，我们就不得不假设有什么事情阻碍了他的正常发展。**我们对五六岁孩子的行为的解释，与对两岁孩子的解释是不同的。**对于前者来说，这意味着在他的自我发展过程中，有一步很重要的工作还没有完成，他的发展阶段的连续性在某一点上被打断了。而阻碍儿童自我发展连续性的那一点，出现在孩子出生后关键的第二年和第三年中。

在这个阶段，有什么事情会干扰孩子人格发展的正常进程呢？自我发展的标志是为自己的行为承担责任，为什么有的孩子没能成功地迈出这一步呢？这里有两种原因。

一方面，有些父母对孩子过分纵容，会让孩子觉得不必对自己的行为负责。如果父母不愿意批评孩子，或者不期待孩子对自己的行为承担责任，孩子当然没有动力去承担责任。如果孩子感到即便自己随心所欲也不会降低父母对自己的评价，那么，这个追逐快乐的两岁孩子有什么理由要克制自己的行为或批评自己呢？

另一方面，如果父母对幼儿的行为过分严格或严厉，会导致与前一种情况类似但又有所不同的结果。当一个孩子感到自己的顽皮会招来父母严厉的惩罚，或对他这个人的全盘否定，他可能会通过把自己任性的那一部分驱逐出去来完成这个特殊发展阶段的第一步。但在迈出第二步时，他就会遇到巨大的困难。他无法接纳顽皮作为自我的一部分，无法为自己的行为承担责任，并且无法找到自我控制的方法。这样的孩子会有两个动机把自己的顽皮归咎于“外界”。一是对严厉惩罚的恐惧；二是一旦承认顽皮是自己人格的一部分，他就无法爱自己。从表面上看，这个正在防御极端焦虑的孩子与我们前面所说的被过分纵容的孩子很像，他在五六岁或更大时，也会出现“行为问题”。他会缺乏有效的自我控制的方法，拒绝为自己的行为负责，并且对自己的不良行为缺乏适度的内疚感。但是，这种行为背后所隐藏的机制要比第一种情况更为复杂。

从理论角度对以上这些讨论加以思考，可以得出一个重要结论：对孩子过于宽容或过于严格都会干扰他们良知的建立，并且会导致同样的结果——难以有效地自我控制。

梦是欲望的投射

现在，让我们来考虑一下，孩子在童年早期与其欲望抗争的一些其他后果。观察一个孩子在 18 个月到 3 岁期间的正常发展过程，就会发现孩子的一些心理斗争和冲动经历了一些变化。其中有一些会完全消失，以至于当孩子三岁时，我们找不到原来的一丝痕迹；有一些仍然继续存在，但其表现方式已经改变。当然，后者最容易被识别。

> 当两岁的卡罗尔专注地做泥巴饼时，不用依靠专业的心理学直觉，也能看到那个孩子的乐趣被转移到现在这个游戏中了。卡罗尔甚至可能以她这个年龄的孩子所特有的坦白告诉你：她在玩便便或屁屁。卡罗尔只是改变了获得乐趣的对象。在 18 个月时，卡罗尔对自己的便便很着迷，甚至喜欢玩便便，后来她发现文明社会不能接受这种行为。现在，卡罗尔已经两岁半了，她接受并赞同文明社会的这个观点，而且能从文明社会认可的替代“玩便便”的活动中得到乐趣。玩泥巴的乐趣足以转移她原来的乐趣，因为卡罗尔会对玩便便感到羞耻，但玩泥巴和羞耻无关。

在这种情况下，如果我们能为孩子必须放弃的幼稚行为提供新的目标或替代活动，我们的训练就很容易成功。尽管要让年幼的孩子放弃其幼稚的追求并不容易，但最后他会接受替代目标，因为毕竟他的欲望还是能得到某种形式的满足。即便是很强烈的攻击倾向，其攻击目标也能转移到替代品上。

我们说过，孩子的某些欲望好像在早期发展过程中消失了。用这些欲望的原始形式去寻找是找不到它们的一丝痕迹的。这与我们之前提到的两个例子有很大的不同。从卡罗尔的玩泥巴游戏中，仍然能看得出来她原来的乐趣。尽管劳瑞换了一个攻击目标，但他的攻击性仍然很明显。可是，两三岁时喜欢咬人的史蒂夫是怎么回事呢？“这有什么关系？”他妈妈不太愿意回忆这事。“谢天谢地，他改了。”我们为史蒂夫克服了这个坏毛病而感到高兴，而且，无论如何，我也不会认为史蒂夫的心灵会因为他不再咬人而受到伤害；他的父母应该不会为自己不愿意满足孩子咬人的愿望而感到羞愧。但是，我们也要问，发生了什么事呢？咬人行为（或者一个人可以吃掉另一个人）背后的心理出现了什么变化呢？

要让孩子不再咬人，必须让他同时放弃一个念头，那就是一个人可以通过吃掉另一个人而与对方融为一体，并让他成为自己的一部分。（顺便说一句，这并不完全是一个破坏性的想法。尽管有些孩子会因为愤怒咬人，但他们也会因为爱而咬人，出于同一种心理，孩子可能会说：“我太爱你了，我要把你吃掉！”）史蒂夫的父母坚决阻止他咬人。“我不喜欢这样！你不能这么做！这很疼！”他们要求史蒂夫控制自己咬人的冲动。史蒂夫通过创造出杰拉尔德——一个咬人的淘气孩子，来表现他对咬人行为的批评。但是，当他最终不再咬人，成功地控制住自己的冲动时，出现了一些很容易被我们忽略或误解的事情。

> 史蒂夫是一个相当健康的小男孩，与其他同龄孩子相比，他并没有更多的恐惧和担忧。但是，有一天晚上他尖叫着醒来，呼喊爸爸妈妈：“金杰咬我！”他号啕大哭。金杰是隔壁邻居家的一条小猎狗，那天下午史蒂夫和它一起玩过。母亲一直都在场，她知道金杰并没有咬史蒂夫。“不，宝贝，金杰没有咬你！”妈妈安慰史蒂夫。

“它咬了，它咬我的脚了。”史蒂夫从梦中醒来，但是，像其他两岁半的孩子一样，他不知道自己在做梦，他把梦中的情形当成真实发生的事情。妈妈花了点儿时间安慰史蒂夫，让他重新入睡。第二天早晨，当金杰跑进史蒂夫家的院子时，史蒂夫哭着喊妈妈。他再一次哭着说：“金杰咬我。它咬我！”母亲再次颇有耐心地帮助史蒂夫克服了对金杰的恐惧。虽然在这之后，史蒂夫和金杰再次成为朋友，但史蒂夫仍然会时不时害怕它。

与此同时，史蒂夫渐渐长大，他的早熟，以及在自我控制和理性方面的进步让父母刮目相看——但是，没有人注意到史蒂夫不再咬人了！

如果我们问：“史蒂夫还有咬人的冲动吗？”我们不得不说：“没有了。”史蒂夫不再咬人了。妖魔鬼怪奉命消失，又改头换面用某种难以辨认的面目再次现身，这样的故事并非只出现在童话里。其实，童话故事也是在重现这种心理过程。史蒂夫那个被狗“咬”的梦就是被他驱逐的魔鬼乔装打扮之后的再次到访。咬史蒂夫的狗代表着史蒂夫咬人的冲动，这个冲动不仅被父母禁止，现在也被史蒂夫自己禁止。在史蒂夫醒着的时候，咬人的愿望无法得到满足，于是到晚上它们就变成了做梦的动机。在梦中，这种愿望用伪装的方式再次寻求满足。确切地说，史蒂夫在梦中对狗的恐惧正是他对自己想要咬人的冲动的恐惧，同时也是他对被咬的恐惧。

儿童早期处理咬人问题的方法与之后的发展阶段中处理类似问题的方法有一些非常重要的差别。过去，通过驱逐杰拉尔德，史蒂夫把咬人的欲望投射到杰拉尔德身上。史蒂夫这么做只不过是通过把这个不好的愿望贴在其他人身上，从而让自己“摆脱”了它。他自己仍然咬人，也并没有打算放弃咬人。他只是说那是杰拉尔德干的。在下一个发展阶段，他认识到这是他自己的愿望，不是杰拉尔德的（杰拉尔德不久前才消失），并且他自己还要努力对抗这个愿望，阻止它获得满足。现在，梦借助同样的原始机制，把咬人的愿望转移到一条狗身上——另一个非常恰当的客体。我们发现有些新东西增加了进来。现在的恐惧是狗会咬史蒂夫！几个月前的那个忠诚的朋友杰拉尔德从来不咬史蒂夫，也不会威胁要咬他，他只咬其他人。因此，我们看到，孩子在新的发展阶段是这样克服咬人的愿望的：咬人的愿望被投射到了外界的客体——那条狗身上；现在这个想咬人的小男孩自食其果。这意味着什么呢？这意味着史蒂夫被人威胁过要报复他的咬人行为吗？这意味着他曾经被狗咬过吗？说来奇怪，史蒂夫没有受到过威胁，也没有被狗咬过。

事情是这样的：史蒂夫自己的咬人愿望被投射到一个外部客体——狗的身上，于是，史蒂夫不再把咬人当作他自己内心的愿望。一部分被压抑的愿望导致了这个无意识的心理过程。但是，这种欲望不可能被完全压抑，他仍然还会出现咬人的冲动。现在，在出现咬人的冲动时，史蒂夫不把它当成自己内在的愿望，而是一种外在的愿望；不把它当成来源于自己的某种东西，而是当成源自那条狗的某种东西。借由同样的机制，史蒂夫感到的与咬人愿望有关的危险也被转移到了外界。每当史蒂夫内心出现咬人的冲动时，这种冲动便被他体验为对他有威胁的某种外界的事物。

我们需要对孩子出现的这个新情况感到惊慌吗？没必要。其他孩子也会经历与此非常相似的阶段。这有助于我们理解，为什么特定年龄段的孩子会出现特定类型的恐惧。正常情况下，在一段时间之后，当史蒂夫能更成功地处理自己的冲动，不再害怕它们时，他对金杰的恐惧便会消失。到了三四岁时，他必须处理另外一些让他深陷其中的冲动，这种恐惧也许又会出现。但我们可以预料，当他能够克服这些冲动时，这种恐惧会再次消失。

如果我们观察史蒂夫这个年龄段的孩子其他一些常见的恐惧，也可以发现有一个类似的机制在起作用。彼得很喜欢去动物园，他以前从来没有害怕过咆哮的狮子，但现在听到狮子咆哮，他就会紧紧抱着爸爸。他认为，狮子咆哮是因为它在生气。这些天，彼得正在尽一个两岁半孩子的全部力气来控制自己的攻击性，由此，我们便可以知道为什么狮子会让他感到不安。两岁以后，萨莉有几个星期一直害怕下雨，这让全家人都很困惑。她为什么不喜欢下雨呢？“雨是湿的！”她很聪明地解释道。“雨当然是湿的。”萨莉的妈妈说。但这不是萨莉的意思。她正在为晚上不尿床而努力——或许太努力了，当她醒来发现自己尿床了，她就烦躁、失望，还会抱怨道：“湿了。”所以，她对下雨的恐惧实际上是她害怕尿床把自己弄湿。我们可以继续举例说明，这个年龄段的孩子的很多恐惧都是因为他们在努力控制自己的冲动。

但是，如果这些恐惧超出了正常的范围，我们应该担忧吗？比如史蒂夫，如果他对狗的恐惧扩展到其他方面，并且妨碍了其他正常生活的话，我们就应该特别留意。如果他非常害怕狗，以至于不敢离开家，白天大部分时间都不敢离开妈妈，就需要认真处理这个问题了。如果彼得非常彻底地克服了自己的攻击性，以至于他成了一个被动且顺从的小男孩，那么我们就需要为之担忧。如果萨莉非常害怕尿床，以至于她因为害怕睡着后尿床而不敢去睡觉，不敢在沙盘里玩水，更不敢去洗澡，我们就不能再认为她的这些反应是在儿童正常发展范围之内了。在以上这些例子中，孩子的恐惧限制了他们的正常行为，并且蔓延到了其他方面，孩子看上去显得没有办法自己克服这些恐惧。这种情况下，我们通常建议父母带孩子去做专业的心理咨询。

帮助孩子克服恐惧

通常，在父母的帮助下，孩子都能克服自己的轻度焦虑。我们所采用的一些方法像人类历史一样古老，因此无须在这里一一介绍。有时候仅仅是父母的安慰，就能消除孩子的各种恐惧。这是因为这个年龄的孩子认为父母有神奇的力量，只需要他们说几句话或者抱住自己，就能保护自己。

尽管孩子的某些恐惧似乎没有特别之处，也并非一种病态，但有时候父母的安慰却无法消除他们的恐惧。比如说萨莉对下雨的恐惧。“雨伤害不了你，萨莉。”她的父母一遍又一遍地说，但萨莉并没有因此而释然。“湿的！湿的！”她坚持说。既然安慰不起作用，我们就需要多了解一下萨莉的恐惧。是下雨的“湿”让萨莉担忧，她也为自己的“湿”而烦恼。当她醒来发现自己尿床了，她也很苦恼。她尽一切努力不尿床，她对下雨“湿”的反应与她尿湿床的反应是一样的。这表明，母亲为了让萨莉不尿床，对她施加的压力有点太大了，导致萨莉非常努力地控制自己，才会对自己偶尔尿床的反应如此强烈。我们建议母亲放宽对萨莉的要求，在萨莉偶尔尿床时安慰她。母亲要适度赞扬萨莉的成功，欣然接受她的失误，这样会让萨莉更容易做到自我控制，同时减少她的压力和焦虑。这个办法很管用，萨莉不再害怕下雨，也不再为尿床而焦虑，她轻松自如地按照自己的节奏，向不尿床的目标迈进。

降低期望值

在彼得快两岁半时，他对动物园里咆哮的狮子的恐惧在几个星期之内就蔓延到其他方面。他的父母注意到，吸尘器一开始轰鸣，他就迅速离开房间；冲水马桶一冲水，他就急忙离开浴室；他一看到童话书上的狮子，就合上书走开。让父母更加担心的是，他开始躲着他的父亲，很容易因为父亲责备他的小过错而掉眼泪。有一天，当父亲批评他未经允许就离开后院时，彼得哭着跑回自己的房间。当妈妈走进他的房间时，彼得抽泣着说：“他咆哮时不像爸爸！”所以，是爸爸的咆哮让彼得感到害怕，或许这也正是几个星期以来彼得害怕咆哮声的原因。

“但是，我咆哮了吗？”当母亲告诉父亲这些情况时，父亲说道。平心而论，在责备彼得时，父亲很可能并没有“咆哮”，但对一个小男孩来说，一个气愤的父亲低沉有力的嗓音听起来一定像狮子的咆哮。尽管父亲从未以任何方式伤害或威胁过他，但彼得似乎害怕父亲生气。对此，我们该如何解释呢？实际上，彼得的父亲为了让彼得品行端正，给他施加了太多的压力。彼得的磨磨蹭蹭、固执、偶尔乱发脾气正是两岁孩子的特点，而这会引起他的父亲——一位忙碌、高效率的商人感到不满。彼得的父亲原本是个和蔼的人，但他不习惯小孩子的行为方式，在他看来，孩子的这些特点预示着未来的行为不良。因此，一旦彼得顽固、不听话，父亲就会很严厉；一旦彼得发脾气，父亲也发脾气。这意味着，在彼得每天能见到父亲的一两个小时中好像总有只狮子在咆哮一样。

那么，既然这头狮子确实没有恶意，而且永远不会伤害一个小男孩，彼得为什么还这么害怕父亲生气呢？这种被夸大的恐惧来自两个方面。一方面，是彼得对父亲的爱，以及当父亲非常不赞成彼得的行为时，他所感受到的焦虑；另一方面，是彼得对自己的冲动的恐惧。当彼得自己生气时，他想打人，感到无法控制自己的愤怒，他就像一头狮子那样“咆哮”。因此，正如之前我们提到的那样，彼得害怕的或许还有他自己那并不总是能控制住的愤怒。在这个阶段的下一步，彼得会把对自己想要愤怒的恐惧和对父亲发怒的恐惧融为一体，是父亲的愤怒引起他的愤怒。于是，彼得表现得就好像父亲在发怒时会毁掉他一样，而这正是彼得在发脾气时想对别人做的事。

如果彼得能更好地控制自己的冲动，他就会很少把自己那些危险的动机归咎于别人。一旦他能驯服自己内心的狮子，他就不会再那么害怕父亲了。与此同时，彼得与父亲的关系已经被严重破坏，这非常不利于父亲帮助彼得学习自我控制。对父母的恐惧并非孩子学习自我控制的良好动机。

显然我们需要在父子之间建立一个积极而牢固的关系，这样，在父亲不得不批评彼得时，彼得能接受，而不会感到被父亲打垮了。这样才能让彼得把自己对父亲的爱作为改正自己行为的主要动机。这也意味着，彼得的父亲需要调整自己在与彼得的关系中所扮演的角色。如果这对父子在他们每个星期待在一起的几小时里能有更多的机会了解对方，父亲就能对彼得产生更大的影响。一个每周只能匆匆忙忙和孩子相处六七小时，而且其中大部分的时间都在批评和责备孩子的爸爸，很容易被孩子幻想成一头咆哮的狮子，因为他没有机会展现自己作为父亲和蔼的一面和他对孩子的爱，以纠正孩子的幻想。

总之，彼得的父亲将会发现，如果他能够把自己对彼得的期望值降到一个两岁孩子有望达到的水平，彼得很快就能更好地控制自己。一个小孩如果发现自己无论多么努力都达不到挑剔苛刻的父母制定的标准，他要么会绝望地放弃，要么会出现与自我控制有关的极度焦虑。这两种危险导致的后果我们已经从彼得的行为中看到了。很显然，一位自己经常大发脾气的父亲也无法给需要学会自我控制的孩子树立个好榜样。孩子渴望模仿自己深爱的父母，这才是促使他们达到行为标准的最强烈的动机。

实际上，彼得的父亲很善解人意，他不希望自己在儿子的眼里是一个可怕的人，彼得的反应让他深感不安。像许多用心良苦的父母一样，他发现自己与孩子之间的关系陷入困境，但不知道问题出在哪里。而且，彼得的父亲有种无助感，他隐约觉得自己作为父亲的权威受到了挑战，于是变得更严厉、更苛刻，甚至更容易发脾气。

要让这对父子重新和睦相处，缓解彼得被放大的恐惧，其实一点也不难。在充分地了解了整个情况之后，彼得的父亲放心了，他开始享受与一个小男孩相处的乐趣。彼得的父亲以前不理解，在这么小的孩子的生活中父亲有多么重要。随着彼得与父亲之间这种新关系的形成，以及他们愉快相处的时间的增多，彼得对父亲的恐惧迅速地减少了，与此同时，彼得对噪声和对狮子吼叫声的恐惧也戏剧般地消失了。现在，对父亲的爱和崇拜激励着他学习自我控制，他控制自己冲动的能力取得了正常水平的进步。

童年早期的许多恐惧，既不会被公开也不容易辨认，它们都被乔装打扮了，因此，我们可能很难辨别出某种行为是一种焦虑的表现形式。

不要使用暴力

南希，21个月大，一直很喜欢洗澡，可现在，只要母亲一把她放进浴缸，她就开始反抗，身体僵硬地挺着。如果妈妈坚持如此，即便是好言相劝，南希也会发脾气。对妈妈而言，给南希洗澡已经变成一种精神折磨，她很快便失去了耐心。南希的倔强和反抗激怒了妈妈，妈妈因此变得更为苛刻，这反过来又引发南希更多的反抗，很快，两人就忙于互相对抗，陷入恶性循环。

这是怎么回事？仅仅是这个年龄的孩子的违拗症的又一种表现吗？她就是喜欢脏兮兮的吗？她是在“试探”妈妈吗？“好好打她一顿，她就老实了。”一位碰巧看到洗澡这一幕的姨奶奶说。而南希的妈妈对此几乎是束手无策，她怀疑自己在处理这件事情时是不是太温和了。当然，我们完全不清楚，打南希一顿是否就能“治好”她这个毛病，各种提倡打孩子的建议的问题就在这儿。在任何情况下，打孩子都与我们要解决的难题无关。打南希一顿意味着，由于没有人知道为什么南希会有这样的行为，我们只能用一种没有意义的惩罚对待南希。

与其让这位姨奶奶气呼呼地向其他姨奶奶们去抱怨：“对现在的孩子来讲，没什么比打她一顿更管用的了！”不如让我们试试其他办法。考虑一下孩子的反抗意味着什么，因为反抗可能有很多含义。一个不想上床睡觉的两岁孩子可能会反抗，他的反抗可能是在表示，他对被迫放弃玩乐很愤怒；一个被发现拿着剪刀玩的两岁半的孩子在母亲拿走剪刀时会反抗，这种反抗可能只是他对母亲剥夺他乐趣的反应。在这两个例子中，父母能用一些方法，坚决而巧妙地处理孩子的反抗，而且孩子很有可能会高兴地接受这种必要的干预。但是，我们现在要来看看另一种反抗。假如你是个两岁的孩子，你非常害怕隔壁家的那条大狗会把你撕成碎片，而你的父亲对你说：“哦，来吧。让我们去看看那只乖狗狗，一起拍拍它。它不会咬你的！”接着，父亲牵着你的手想要带你过去看那只狗，而你开始反抗。你可能会哭、抗议、试图挣脱，如果父亲更加坚持，你甚至会尖叫，会大发脾气，因为你要反抗企图把你带进想象中的危险的大人。

从上面这些例子，不难看出哪一种是孩子在抗议大人打断他的快乐，哪一种是孩子在防御自己的焦虑。但是，要处理南希洗澡时对母亲的反抗，情况就不那么清楚了。它似乎并没有阻断南希的快乐，一直以来南希都很喜欢洗澡。洗澡与恐惧也没有明显的关系，浴缸不会咬人，浴缸里也没有出现过可能引起南希恐惧的意外。南希的语言能力还不够好，没办法告诉我们她为什么不愿意洗澡。我们怎样才能找到这一行为背后的含义呢?

在童年早期，孩子的某个反应通常会和某件事有直接关系，我们可以从记忆里寻找一些线索。一旦南希的母亲改变思路，不再认为南希不愿意洗澡只是这个两岁孩子在淘气，她就会开始回想起一些事情，之前她不觉得这些事有多么重要，只是它们恰好发生在南希拒绝洗澡之前的一两天。当时，妈妈已经拔掉浴缸的塞子开始排水，而南希不愿意从浴缸里出来。一开始南希似乎没有注意到水位在慢慢下降，但后来她全神贯注地盯着浴缸里最后一滴水被吸进下水道。她突然从浴缸里站起来，急着要出去。在这之后，南希就开始害怕洗澡。接着，南希的妈妈又回想起来，在这件事发生之前的几个星期，南希经常要看冲水马桶冲水，有一次，她甚至把她的泰迪熊扔到了马桶里，幸亏妈妈及时把它给救出来。

从这些看起来并不那么重要的孤立事件之中，我们可以得出一个在成年人看来似乎很荒谬的结论。南希在看到水顺着浴缸的下水口消失、东西顺着冲水马桶里的水消失之后，就开始逃避洗澡，这表明她害怕自己也会从下水道被排走。成年人，哪怕只是大一点的孩子，都会认为这是一派胡言。我们都知道孩子不可能掉到下水口那么小的洞里面。因为我们有相对大小的概念。我们知道自己身体大致的尺寸，也知道排水管的直径与我们自己身体尺寸之间的相对大小关系。但 21 个月的南希不知道，她还需要花很长的时间，经过一系列的尝试，才能了解自己的身体占多大的空间。

还有另外一个原因让南希尤其害怕自己消失、化为乌有。新出现的自我意识、自我认同感与身体概念密切相连。虽然没有哪个孩子有过身体消失的经历，但当他睡着了或快要睡着时，却体验过自我意识的消失。孩子很担心失去自己新发现的自我认同，害怕它因为入睡前意识的瓦解而消失。南希就是因为这个念头，才害怕自己被水从浴缸下水管道冲走。

“这些话听起来很有意思，”南希的妈妈说，“但现在我们该怎么办呢？在南希知道自己身体有多大之前，或者在她克服对失去自我的恐惧之前，我就不再让她洗澡了？而且，南希还不太会说话，我们该怎么跟她解释这一切呢？”

当然，我们不想等到南希理解相对大小之后才给她洗澡！除非她的焦虑非常严重，否则我们还会继续在浴缸里给她洗澡。但由于我们已经知道她害怕的原因，因此处理方式要有所不同。在处理这个问题时，我们不会认为她很“倔强”，也不会抱着必须让她明白“谁说了算”的心态。我们会很温柔地安慰她，尽可能地让她感到洗澡很愉快，鼓励她在浴缸里玩耍，甚至在她从浴缸里出来后，要让洗澡水在浴缸里多留一会儿，这样会更容易减轻南希的恐惧。

在前面有关如厕训练的讨论中，我们提到过在如厕训练期间，孩子对自己大便的消失普遍会有一些焦虑反应。在这方面给予孩子一些安慰，同时减少如厕训练的压力，也会减轻孩子对马桶冲水的焦虑。

尤为重要的是，我们发现游戏能帮助南希克服恐惧。我们找到一种南希自己能玩的戏水游戏，或许，她会发现在洗脸池里玩橡皮玩具很有意思。在这种游戏中，她可以自己控制下水管，让水流进、流出，而且在水里的不是她自己，是其他东西。我们可以向她演示，或者她自己就能发现，她的橡皮玩具不会顺着下水道消失。这种方式既可以再现引发南希焦虑的情形，又不会再次让她感到安全受到威胁。南希开始主动在洗脸池里玩这种游戏，她对玩具所做的事，就是曾经发生在她自己身上的事，这种行为本身就变成了一种克服可怕情形的手段，南希在这种情形中曾经很无助、很害怕。我们还会利用南希日常生活中的每个机会向她表明，以及让她自己发现，自己身体和其他东西之间的相对大小。

当然，我不能说如果我们不知道南希拒绝洗澡的含义，也能肯定她迟早有一天能自己克服恐惧。如果我们不理解这种行为是一种恐惧的表现，就可能用错误的方法去处理它，会向一个被吓坏了的孩子施加压力、强迫她进入她认为危险的情境之中，或者把事情变成一场意志的较量，从而强化了孩子的恐惧。之后，我们可能就会遇到麻烦，生活中的其他方面会出现更多的困难，孩子会出现更多的反抗、更容易发脾气。孩子很有可能对洗澡的厌恶，以及围绕洗澡的争执会持续许多年。所以，如果我们理解行为背后的含义，就能找到处理它的方法，缓解孩子和我们自己的紧张，并且对那些现在或将来必定会带来不良后果的情形做出补救。

爸爸妈妈注意啦！

- 孩子的道德感直到五六岁时才会出现；到十岁左右，才能在孩子的人格中稳定下来；在青春期的最后阶段，才能完全摆脱外在权威的影响。
- 在一岁半到三岁之间，孩子非常重视来自父母的爱、赞同或否定，这将极大地影响着他们的行为。
- 如果父母希望能有效地教育孩子进行自我控制，就一定不能让亲子关系恶化成战争状态，否则，所有的教导都会被孩子拒之门外。

THE Magic Years

第四幕

最后的魔力

3 岁到 6 岁

THE

Magic Years

06

原来“我”不是宇宙中心

理性思考脱胎于魔法思维

“以我的经验……”罗杰在表达自己的看法时总是这么说。他6岁了，对化学、天文、政府公共事务、冰川期的人类行为和生活都有自己的见解。他的观点有些正确，有些不正确。他喜欢用一句深思熟虑的“以我的经验”作为开场白。有一次，他发现我在他说这句话的时候忍着笑，于是他用责备的眼神看着我，令我深感羞愧。

是啊，为什么不呢？随后我对自己说。毕竟，这有什么好笑的？以他的经验，他在过去的6年里对客观世界的了解和所掌握的物理定律，在许多方面都超过了一个世纪以前的普通人。他对科学的认识有一部分是不足为道的、不确定的和歪曲的，但这一点需要客观证据来证明，与一个世纪前普通人的头脑相比，在许多方面他都更少地受到魔法思想的影响。

他不相信女巫或魔鬼。为什么呢？“因为我从来没有见到过。”他解释说:“在很久、很久以前，我还是个小孩子的时候，我曾经认为他们是存在的，但我之所以这样想，可能是因为我在故事书里看到过，或者我梦见过。”“梦是从哪里来的，罗杰？”我有一次问他。“哦，”他以一贯谨慎的语气说，“如果你在几年前，我还很小的时候问我，我会说梦来自另一个地方。但我现在知道它们来自这儿。”他拍着自己的前额。“罗杰，假如有个小孩问你梦是什么，你怎么向他解释呢？”“呃，呃，我会告诉他，梦就像在睡眠中还在进行思考，但用的是不一样的思维方式。”半个世纪以前，没几个人知道这一点。

他会为一切寻找证据。罗杰说：“你要是没看到，怎么知道那个东西是真的呢？”还有一次，他问我：“你没见过的东西真的存在吗？比如细胞，你用眼睛看不到，那么细胞是真的吗？”我送给他一台小型显微镜作为圣诞礼物。他在显微镜下观察一块洋葱组织，第一次亲眼看到了细胞。他欣喜万分，跑过来紧紧地抱着我，然后用一种惊叹的语气说：“我现在用显微镜看到的洋葱皮比我只用自己的眼睛看到的更真实吗？”

在罗杰 4 岁的时候，他很担心自己的“坏念头”。他想过杀人、抢劫、放火。有时候，他觉得自己的想法极其真实，以至于他害怕自己真的会去做一些可怕的事情，他也害怕会因此遭受可怕的惩罚。但是，听听 5 岁时的罗杰怎样说吧。有一天，他来找我并告诉我，两个男孩放火烧掉了他家街对面正在建造的一所新房子。他严肃地说：“你知道，我认为这两个男孩的问题比我的更严重！”他解释说：“因为，如果你只是想做那样的坏事，你不会伤害到任何人。但你如果真的做了，就会真的伤害到别人。”他至少已经明白，想法和行动不是一回事，他的想法不可能神奇地产生影响！

但是，罗杰的思维中有一些模糊地带，在那里，他的旧观念和新想法以一种伪科学的方式结合在一起。“人会从地球上掉下去吗？”有一天他这样问我。（他快 6 岁了，研究过地球仪，知道地球是个球体。）他接着说：“我的意思是说，如果一个人走到地球的边缘，他会不会往下掉，一直掉下去啊？”显然，他原来认为“地球是平的”的想法，以及他原来对人会从平面世界掉下去的恐惧，已经被转移到他认为地球是一个球体的新观念之中。尽管我给他做了解释，他还是摆脱不了这个念头。然后，他说：“你知道，有时候我会梦见自己往下掉，一直掉啊掉，然后，我就醒了。”因此，现在我们可以明白，为什么尽管他掌握了更科学的知识，却还是坚持自己的旧想法。在梦中，就好像他正在“从地球上掉下去”，梦中的感觉对他而言是如此真实，以至于即使他了解了更多的知识，也还是摆脱不了原有的观念。

他对其他一些特定领域的理解，也暴露了这个聪明的 6 岁孩子会犯糊涂。他的母亲给他提供了足够多的性知识，但他却很难记住某些关键的知识点，尽管母亲在他的追问之下，一再重复这些内容。他问：“宝宝是从妈妈的哪个地方出来的？我又忘了。”“你认为是从哪儿？”“噢，我一直认为是从头上出来的。但我知道这不对。”

对于一个如此聪明的 6 岁孩子而言，这个错误太奇怪了。以他的经验，他能解决比这难得多的问题。任何年龄的科学家，都只能利用自己能得到的资料开展研究，在条件有限的情况下，通过观察和实验来验证假设。罗杰通过性教育已经知道，女性有“一个特殊的通道”“一个出口”，当宝宝准备好了的时候，就能从这个出口出来，而这个神秘的“特殊的通道”是看不到的。就小男孩或小女孩所能掌握的观察方法而言，他们无法证实有这样一个地方。罗杰看见过大人给女婴换尿布，但他没看到“一个特殊的通道”。至少有一次，他说服了一位小女孩，为了科学的进步允许他看一眼。但这次实验并没有给罗杰提供更多的信息，并且在羞辱中结束，因为恰好就在此时，小女孩的妈妈来了，她发出愤怒的尖叫，终止了罗杰的研究。罗杰不得不得出这样一个结论，如果确实存在这个特殊的通道（他有时倾向于怀疑这一点），它肯定是一个装有暗门的秘密通道，就像阿里巴巴的藏宝洞一样，只有知道咒语的人才能打开。（当然，从某种程度而言，事实的确如此！）

因此，罗杰的研究尚无定论。他无法证实这个“特殊的通道”，但又必须完全相信它的存在。因为这件事对罗杰没什么意义，他就记不住宝宝是从哪里生出来的。而且，由于小女孩的母亲对罗杰的好奇心非常愤怒，罗杰感到这个神秘的地方有些危险。对危险的焦虑也是罗杰忘记答案的另一个原因。因此，虽然母亲一再地回答他的问题，他却还是记不住宝宝是从妈妈的哪个地方出来的。“我一直以为是从头上出来的。可我知道这不对。”为什么是头呢？我们感到很奇怪。什么样的奇思妙想会让他认为宝宝是从妈妈的头上生出来的呢？从一个6岁孩子的观点来看，他的这个解释就像我们给他的解释一样有道理，而且罗杰的这个想法还有个好处，因为就身体结构而言，头离那个让小女孩的母亲强烈不满的部位比较远。

罗杰这么大的孩子即便已经很超前地掌握了科学知识，但是，只要他遇到无法证实的事情，便会重新陷入原始思维模式。只要他的思维被强烈的情绪所支配，他就可能歪曲客观事实。但是，总的来说，他的魔法思维已经让位，不再是“执政党”，但它热衷于阻挠事情的发展，有时候会卷土重来。它几乎总是要屈服于力量更强大的理性思维，但永远不会被彻底打败。这自然会让我们开始比较魔法师的“我”与理性的“我”。

“我”独立于客观世界

罗杰5岁时问我：“老鼠知道它是一只老鼠吗？”“你的意思是……？”我问他。“嗯，就像我知道我是我自己一样。老鼠知道它是只老鼠吗？”我没有直接回答他这个问题。“告诉我你是怎么想的。”我说。“哦，我想老鼠不知道它是老鼠，但我不知道为什么我知道这一点。”罗杰又想到一些别的动物：“还有，狗比老鼠聪明。狗知道它是一只狗吗？”看上去，他很怀疑这一点。

罗杰的思路是对的。他知道对自我和自我身份的理解与智力有一定关系，他还知道人的智力与动物的智力不是一个等级，但他无法从这些想法中得出结论。但是，狗不知道自己是一只狗，老鼠不知道自己是一只老鼠，即便是更高级的灵长类动物，如最聪明的黑猩猩，也不知道自己是一只黑猩猩。科学家们通过精心设计的实验证明，年幼的黑猩猩的某些心智与儿童相当，但迄今为止，都还没有实验能证明一只5岁的黑猩猩能像罗杰那样“知道我是我”。因此，无论黑猩猩多么早熟，它都没有未来。黑猩猩无法自我提高，也无法促进它的种类发展，虽然它因为能发现实验者从 5 根香蕉中拿走一根或更多而被称赞为会“数数”，但它可能永远也做不出比这更聪明的事情了。

认识因果关系

这些人类智力的基本特质源于认识到“我”是独立于客观世界并与客观世界截然不同的。只要我们前面提到的婴儿魔法师一直认为自己的行为和想法是万物之源，他就无法认识外界的因果关系。一个认为打雷就像天空在生气的孩子不可能发现打雷的自然原因。一方面，一个孩子无法区分自我与他人以及他们的自我，他就会混淆自己的动机与他人的动机，并将自己的想法归咎于别人，因此，他对人的认识是扭曲的。另一方面，一个孩子如果不知道自己独立与他人、与别人截然不同，但又与其他人十分相似，就无法奠定社会智力的基础。社会智力要求我们都能从别人的角度考虑问题、认同别人，这样我们才能作为一员生活于社会之中。

在罗杰 3 岁时，有一次他让一所郊区幼儿园里乱成一团，他宣称自己是上帝，能让苏茜、彼得、玛吉、艾伦和其他人做他想让他们做的事情，也能让他的老师巴雷特小姐和帕特森小姐都听命于他。罗杰大发脾气，幼儿园里的其他小家伙们心怀敬畏和恐惧地看着他们中间这个愤怒的预言家。当然，没有人相信他，但也没有人站出来揭发这个伪先知。在 3 岁孩子的心中，深藏着对自己的魔力和全能感的信任，因此，宣称自己拥有异乎寻常的力量也并非完全丢脸的事。那么，那天罗杰到底为什么大发脾气呢？没有人能回忆起来。可能是有小朋友拒绝把秋千或三轮车让给罗杰玩，但这并不重要。

我们猜测，罗杰自己也不相信他就是上帝。但是，在他大发雷霆的背后是一个白日梦，一个希望自己无所不能的愿望，他想要驱使别人按他的命令行事，想要拥有一个他能够掌控的世界。“如果你是上帝，你会做什么？”我有一次问他。“那么，我想自己做主。”他高高兴兴地说。原来，他在这个方面的渴望与那些在百货商场里超负荷工作、低收入的店员很接近，这些店员通过晚上梦见好运突然降临，自己当了老板来安慰自己。“如果我是上帝，那么我就不用去睡觉。我早上也不用起床坐公共汽车去幼儿园。我就可以自己一个人住在一间小房子里。”我们不得不承认，所有这一切都不过是小小的愿望。在进一步研究这个白日梦之后，我们发现，如果被逼到无奈的地步，罗杰将会毫不犹豫地使用任何法力。他有一张永远不会忘记的“黑名单”，上面列着罪大恶极且无药可救的罪人的名字（其中大部分人都不超过5岁），以及他们的档案：迈克尔，他偷了我的枪；芭芭拉，她在沙堆里扔沙子；希拉，她对我吐唾沫还骂我。对这些罪行所实施的惩罚，在罗杰看来完全是正义的，是他们罪有应得。迈克尔必须被处以电刑，除非他把枪还给我；芭芭拉的喉咙里会长细菌，然后她会生病死掉；对骂我和朝我吐唾沫的希拉完全不能有任何怜悯之心，她会被车撞，如果她还没死，强盗也会闯进她家里杀死她。

听到这一切会让我们感到不安，好像我们正在目睹一个暴君的诞生。暴君的传记中，总是会写着童年时代的这种白日梦并成为他们终身的追求。但幸运的是，大多数这样的白日梦在孩子上幼儿园的时候都已经消失了，而我也几乎忘记了罗杰的白日梦，直到有一天，6岁的罗杰带着一个新计划来找我讨论。这一天，罗杰早就过了他的6岁生日，他抱着一袋炸薯片，边吃边向我讲述他的新计划。

“那么，美国还有闲置的地方能建造一座新城市吗？”他想知道。

“哦，有。”

“可它不是都属于某个人的吗？”

“不是。政府还有成千上万亩的土地，任何人想开发这些土地的话，只要花些钱就可以买过来。”

“这些土地上有很多树吗？”

“是的，很多。”

“哦！太好了！因为我希望有很多树！”

“为什么？”

“我需要大片的土地来实现我的这个想法。它……嗯……它就像一座城市，只是比城市更大。或许像底特律那么大，只是更大一点儿。”

“你是说你想建造一座自己的城市？”

“没错！”

“你怎么有了这个念头的？”

“我不喜欢现在这个世界。它太小了，没有足够的地方做所有我想做的事情。如果我有自己的城市，我就可以做我想做的任何事情了。”

“这是什么意思呢？”我满腹狐疑地说，“你想在那儿干什么呢？”

“哦，当然，我不可能是国王，因为不再有国王了。”（他声音中流露出一点儿悲伤。）“但我在一定程度上要掌管那里，因为我建造了这座城市。”

“我明白了。如果你在那儿可以做你想做的任何事情，跟我说说这意味着什么呢？比如说，假如你不喜欢一个人，那么你会把他痛打一顿吗？”

“噢，不会。你知道我只让那些我喜欢的人住在里面。”

“我知道了。那么，你会制定法律吗？”

“噢，会的。我们会有限速和类似限速的规定，就像美国的法律那样，但没有那么严格。我们不会因为人们超速而重罚他们。”

“那什么是更为严重的事情呢？比如说，偷窃会有什么后果？如果在你的城市里，有人看见他想要的东西，他可以拿走吗？他可以像这样做任何他想做的事情吗？”

“噢，不可以。你没理解我的意思。在我的城市里，一切都属于大家。人人拥有同样的东西，因此没必要去偷。”

“你从哪里得到这种想法的？你听说过有这种地方吗？”

“没有。我自己想出来的。”（我深表怀疑，但可能永远都无法证实这一点。）

“假如你因为喜欢某个人而邀请他搬到你的城市里来住，开始的时候他很好，之后你发现他很坏。你怎么办？”

罗杰用他的大拇指做了一个很生动的手势。“滚蛋，”他干脆地说，“他必须离开这座城市。”

“这座城市的其他情况呢？向我描述一下吧。”

“嗯，它四周有很高的围墙……”他想了一会儿说，“但我要围墙干什么？我只要在城市四周做出标志，不让每个人都可以进来就行了。”

在6岁罗杰的乌托邦里，还保留着他在幼儿园时“我是上帝”的那个幻想的痕迹。他渴望拥有一个自己能主宰的世界，希望自己很强大，这些既是他在幼儿园产生幻想的动机，也是他6岁时创建一个乌托邦的动机。但是，幼儿园里的那个小暴君罗杰已经转变成一名掌管一座城市的公民，他的统治范围也从整个世界缩小到一个只比底特律稍微大一点儿的地方，而且，罗杰的乌托邦理念没有脱离现实；而幻想自己是上帝则是仍然被魔法性思维和全能感所支配的婴儿心理的原始产物。

罗杰的乌托邦受到道德原则的约束，这一原则对某些问题灵活处理，对越界之事严格处理。这个社会合理、公正、不独裁。毫无疑问，它需要政府和法律。（罗杰3岁时的乌托邦按照他自己的愿望建成，没有法律，也没有统治原则。）在罗杰的城市里，违反法律就会受到惩罚，但惩罚是公正的。“我们不会因为人们超速而重罚他们。”罗杰的乌托邦对犯罪的治理方式让我们震惊，以至于我们无法相信这是一个6岁孩子想出来的。比如，他意识到偷窃是与贪婪、嫉妒、未被满足的期望有关，因此他要建立一个“人人都拥有同样的东西，这样就没必要偷别人的东西了”的社会。这样的社会是罗杰听说的，还是像他自己所说的那样是他自己想出来的，都不重要。重要的是，他试图通过社会机制来预防和矫正人类的恶习。但是，在3岁罗杰的白日梦里，他能找到的解决人类弱点的唯一办法就是将犯罪分子彻底消灭。在6岁罗杰的乌托邦里，即使是无药可救的罪人也不会受到像他3岁时幻想的社会里那样的死亡惩罚，而是被驱逐出去——他大概会被送回到底特律吧。

3 岁时成为上帝的幻想与 6 岁时建立乌托邦之间的区别，不仅仅是 3 岁儿童与 6 岁儿童智力上的差别。这个区别必须归结于发生在 3 ～ 6 岁期间的社会化进程。只有那些相信自己是世界的中心、自己的愿望可以带来奇迹的孩子，才会逐渐形成“我是上帝”的幻想，这吻合罗杰 3 岁时的心理状态（尽管大多数 3 岁孩子已经开始摆脱这种极端自我为中心的状态）。但是从 3 岁到 6 岁的这 3 年的社会化过程，已经让罗杰从“世界的中心”变成人类社会的普通一员。这个过程并没有夺走罗杰的雄心壮志，也没有让他完全放弃利己主义，但却让这两者同时服务于别人和他自己，他的雄心（即使在想象中）也被现实所约束。虽然罗杰的乌托邦有些荒诞，但并非完全不可能。尽管这个白日梦的动机是自我中心化，但它也是社会化的。

这就让我们考虑从“上帝幻想”到“乌托邦幻想”期间，孩子的自恋所经历的变化。罗杰 3 岁时的白日梦只是用来滋养他的自恋，除了要被消灭的目标之外，罗杰的世界中甚至没有其他人，从这一点就可以看出他的自恋程度，他想独自一人生活在自己的小屋里。但在 6 岁时的乌托邦里，罗杰愿意与别人分享他的社会中的美好生活。在他的幻想中，也隐含着与别人共同生活的必要性。由于他把自己所渴望的东西赐予了别人，尽管这样评价一个这么小的孩子或许有些夸张，但可以说，他已经学会像爱自己那样爱别人。

罗杰已经形成了“社会敏感性”。社会敏感性是指，人们意识到自己与他人有关，并且尊重别人的感受和权利。但罗杰是怎么获得“社会敏感性”的呢？比如，罗杰所提到的老鼠，一只老鼠不会以它对其他老鼠的尊重来决定自己与它们的关系。除了因为智力上的缺陷之外，一只老鼠对其他老鼠的感受缺乏敏感性可以归因于这样一个事实，即老鼠不知道自己是只老鼠。老鼠没有自我意识，不可能进行自我观察；它不知道自己有“情感”，无论是多么有限的情感；由于老鼠不知道自己的“鼠性”，它就无法认识到其他老鼠的“鼠性”。因此，老鼠以及其他更高等的动物的社会关系，受本能以及一定程度上的经济原则的制约，在动物中也找不到与人类社会类似的社会体系。

人类社会的形成归功于人类智力的一种特性，即从他人角度思考的能力。罗杰知道其他人有何感受，是因为他知道自己在相似情况下会有什么样的感受，他能认同他人。我们把这种认同，视为形成与他人关系的重要因素，因此我们需要在儿童发展中重新研究它们，以便于发现孩子是如何获得这种能力的。

我对你的遭遇感同身受

罗杰3岁时的白日梦表明，他还不能感同身受地体会别人的处境。对大多数的3岁孩子而言，这种认同感刚刚萌芽。比如，假设我们被安排去处理一个3岁孩子对另一个同龄孩子所做的恶劣行径，我们对他说：“如果有人那样对你，你有什么感受？”很可能，他对我们的说教完全无动于衷。在这个阶段，他根本不在乎其他人的感受，也无法想象受害者内心的感受。除了他自己的感受之外，一切都不重要。这个年龄段孩子的自我中心意识是多么强烈，没有那么容易就能跳出自我的世界。

> 我们甚至会看到，三四岁的孩子有时会以残忍为乐。几年前的一个下午，我正看着我的邻居，4岁的玛西亚。一条毛毛虫小心翼翼地沿着人行道蠕动，而玛西亚，这个平时性情最为温和、迷人的小姑娘，朝着毛毛虫走过去，她那娃娃脸上露出邪恶的微笑。然后，她突然抬脚碾碎了毛毛虫，毛毛虫在她的脚下变成了肉泥。之后，她兴致勃勃地研究这一摊肉泥。然而，短短两年之后，当玛西亚和我一起在公园散步时，她只要看到被踩死的虫子或者一只死鸟，就会感到害怕或者恶心。她说，看到死的东西让她感到恶心，让她想哭。如果它死了，它就永远也不能活过来了。

不知为什么，玛西亚在这两年中失去了对破坏的兴趣。她还发现死亡就是终结，失去的生命不可重生。所有生命，甚至毛毛虫的生命也是宝贵的。在她这样的小孩子看来，人的生命并不比一只昆虫的生命更宝贵。她相信，虫子和鸟儿有跟人一样的意识，它们爱自己的父母和兄弟姐妹，它们会因为一个残忍的行为而丧失生命。她运用想象把自己摆在昆虫的位置，并经由对昆虫的认同而感到了痛苦。

玛西亚正在变成一个文明人，当然，我不是说为死去的昆虫感到悲痛是社会文明的一种特征，而是说，将自我延展到自身之外，设身处地地为他人考虑的能力是人类智力独有的特点，也是人类道德不可或缺的特点。这种认同能力在玛西亚与其他人的关系中表现得更为明显。她对于“其他人有什么感觉”的理解变成了主导她的行为、约束她的攻击性及破坏行为和语言的一个重要因素。这种认同能力在我们关于文明人的概念中绝对是必要的。

但我们应该问自己：“我们从那个 4 岁小女孩对待毛毛虫的方式上观察到的破坏乐趣去哪里了？”这种乐趣消失了，取而代之的是情感上的厌恶和道德上的反感。施虐的快乐转变成它的反面——痛苦和不愉快。事实上，如果我们提醒玛西亚，她曾经以踩死毛毛虫为乐，她可能不相信我们的话。她完全想不起来这一切！确切地说，这种情况是破坏和施虐的乐趣受到了压抑。

压抑？但压抑不是不好吗？在文明社会里，虐待行为，即以给别人施加痛苦为乐的行为，必须受到压抑。对毁灭人类或人类劳动的行为所产生的厌恶和反感，对于保护个人价值是必要的。那些我们所推崇的人类品质，比如，同情、认同他人、超越自我的爱、对生命的珍视、对破坏行为甚至想法的道德批判，都不是人类与生俱来的本性，而是儿童早期家庭教育的结果。

要不是当今社会的育儿观念出现了巨大的误区，我们没有必要说这些。许多父母相信孩子会“度过这个阶段”（他们自己是这样的），因此，他们对“这个阶段”采取一种斯巴达式的容忍，指望到这个阶段结束时，孩子自然而然就获得成长或进步。**尽管儿童发展的每个阶段确实都有各自不同的特点，但他们通过持续发展而取得的进步在很大程度上受环境的影响。**

如果玛西亚从破坏中得到了乐趣，却没有受到她所爱的父母的责备，她就没有理由放弃这种快乐。不放弃搞破坏的乐趣，道德感的形成就会受阻。但是，要让孩子放弃施虐的乐趣不能只靠批评，而是需要让孩子发现，放弃破坏行为能让自己得到父母的爱和赞同，而这些能给他带来更大的快乐。通过内化父母的标准，他变得更像父母，并形成对父母的认同。

总之，孩子的“教化”是一个双向认同过程。他需要具备超越自我限制的能力，能设身处地地“知道别人的感受”，这构成了我们称之为“认同”过程的一个方面。但是，他还要能够接纳他人的自我，以完善自己的人格；或者吸收他人的人格特点并使之成为自己人格特质的一部分。就道德发展而言，孩子所爱的人的判断、标准和价值观被孩子所接受，并成为孩子人格的一部分，这也是“认同”。

“我是谁？”“我从哪里来？”

一个知道自己是谁、能意识到自己身份的动物是一个永不满足的生物，注定会给自己的一生不断地制造烦恼。不管是老鼠还是黑猩猩，它们都不知道自己是谁，因此它们能远离探索自我的烦恼。但是，一旦人类开始问自己这个问题，他就让自己及后代永远陷入了怀疑、不安、猜测和追寻真理之中，几个世纪以来，这个问题像饥饿或性欲那样无情地刺激着他。不知道自身存在的黑猩猩没有探索自身起源的动力，也不用考虑自己终将死亡的这一悲惨命运。即使动物实验员成功地教会一只黑猩猩数 100 根香蕉或者下国际象棋，黑猩猩也发展不出科学，表现不出对美的欣赏能力。而人类的大部分智慧可以追溯到对人类起源和结束的永恒追问，以及对人类的存在和生命本身的意义的探索之中。

归根结底，人的所有知识都来源于对自身的探究。当人类第一次试图解释自然现象时，他通过将观察到的现象结合他自身的特征做出解释。风是一个看不见的超人或上帝的呼吸，雷声是巨大神灵的愤怒和报复。他从树木和云彩中发现人的形状，并且把四季变化、昼夜交替都归因于人。他只能根据对自己身体和本性的观察来解释自然世界。这也是人类的一个智力成就，因为只有人类能够观察自己。数万年以来，人类一直没有实现智力的飞跃，直到发现了支配自然界的独立规律，以及把对自然界的观察从对自我观察中分离出来。

人类的好奇心被了解自己的欲望大力驱使，人类正是以这种方式发展了智力，战胜了自己的生物性。他能够让自己的身体和欲望屈服于智力的控制，打开了通向所有我们称之为人类成就的道路。简而言之，自我观察导致自我控制。对自我的观察使人类获得了越来越强大的超越生物自我的力量，进而借用本能的部分力量进行更高级的智力活动。

在所有这些方面，人类的孩子都重演了人类的发展史。孩子通过自己的身体第一次发现了“我”。我们在前面的章节中看到，婴儿如何通过感受自己的身体第一次学会了区分内在和外在、“自我”和“非我”。触摸自己、吸吮手指、看着自己的手在眼前晃动……所有这些感觉和许多其他感觉逐渐形成了最基本的“自我”概念。在出生之后的第二年和第三年，“我”这个概念开始模模糊糊地出现，刚学会说话的孩子通过“我”这个字进一步区分“自我”和“非我”。他们像原始人一样，试图通过找出自己身体及其功能和情绪与自然现象的相似之处来“解释”自然现象。于是，另一个里程碑出现了。对自己身体的观察和偶尔看到其他人的身体让孩子形成了“男性”和“女性”的概念。由于孩子认识到“我是男孩，就像父亲那样”或“我是女孩，就像母亲那样”，“我”的概念得到了进一步的巩固，从而强化了对“我”的感觉。

到这个时候，孩子如何感觉和评价自己，也与他对自己身体的感觉密切相关。由于孩子看重自己身体的排泄物，把它们视为身体的一部分，他会通过对待自己的身体和排泄物的态度来获得有关自己的“好”与“坏”的感觉。那些觉得自己的大小便不好或对自己的大小便感到恶心、羞耻的孩子会把这种态度带入他对自我的认识中，他可能会觉得作为一个人，自己让人讨厌或没有价值，他想努力对抗这种感觉。那些发现抚摸生殖器能给自己带来快感，但这种行为却让自己深爱的父母感到厌恶或恐惧的孩子，可能会觉得这种快感很不好、自己的身体很糟糕，自己是一个坏人。以上所有这些事情，促成了当今性教育的指导原则：把儿童早期对待自己身体的态度视为健全人格结构的基础。

大约在三四岁孩子知道自己是“谁”时，他的智力就需要应对一系列新问题的挑战。他开始明白万事皆有因，想知道每件事情是怎么形成的，最让他着迷的问题是，他是怎么被“制造”出来的，以及他是从哪里来的。

“在我出生以前，我在哪儿？”5岁的萨莉问妈妈。

“你不记得了吗？”妈妈说：“我告诉过你。”

“哦，我不是那个意思！”萨莉生气地说：“我是说我在你的肚子里生活之前。”

“啊，”妈妈不太有底气地说，“你是一个很小、很小的卵细胞。”

“我不是那个意思。我是说，在很小、很小的卵细胞之前。”

“好吧，你是……好吧，你知道的，你什么也不是。”

“什么也不是！”萨莉很震惊，“我怎么可能什么也不是！”

在萨莉得到的有关她的来历的所有奇怪解释中，这是最荒诞的一种。她怎么可能曾经什么也不是？她无法想象自己曾经不存在，就像她无法想象这个存在会结束一样。成年男性和女性的想象力在面对这个问题时也会举手投降。当诗人想用一种意境表达死亡给人类带来的最为悲痛和最让人恐惧的感觉时，他想到的就是“不存在”。“每当我害怕，也许我会不存在……”英国著名诗人济慈说。“存在，还是不存在……”莎士比亚说。害怕自己彻底消失，是人类焦虑死亡的核心。一旦孩子充分意识到自己是一个人，他会用两种方式思考“不存在”，一个是“起源”（“出生以前我在哪里？”）；另一个是“终结”（“在你死后会发生什么？”）。他会问无数个问题，要我们为他解答。他还会一再重复他的问题，就好像他并不满意我们给他的解释。如果我们和他深入交谈，他会将我们告诉他的事实与他自己的理论混合在一起。实际上，他并不是很相信我们！

“一个非常小、非常小的卵细胞……”我们告诉他。

“多小？”

“噢，小到你几乎看不见。”（也许我们会用铅笔在白纸上点一个点来说明它有多小。）

他深表怀疑。对于四五岁的孩子来说，编一个他是鹳鸟叼来的故事也比这种说法更合理。或许一只蚂蚁是来自那样一个非常小的卵细胞，但他不可能那样。他会用自己的理论来纠正这个事实，将这个卵细胞变得像鸡蛋或鸵鸟蛋那样大也比你向他描述的蚂蚁蛋更有意义。

“爸爸种下了一粒种子……”至少有两代父母很感激儿童性教育书籍提供的这一婉转的说法。不过，这个说法似乎把一个农业观念错误地引入孩子独自搜集到的一大堆错误的性知识中。我想起一个6岁的小家伙，被这句话所传达的信息所误导，出现了轻微的违法行为。他从商店里偷了一袋黄瓜种子，带着包装把它们全部种在电线杆下：“这样，明年夏天，我和波莉就能有个小宝宝了。”

如果父母就“爸爸在妈妈身体里种下一粒种子”再多补充一些信息，情况也不会好到哪里去。它会让一些孩子针对如何播种提出一些让人吃惊的理论。一个6岁的孩子认为种子是飞进妈妈身体里的，按照他的逻辑这是相当合理的理论。他拿植物的授粉做比喻，为这个空气传播理论大力辩护。还有些孩子把播种归因于现代医学的进步，医生经常被当作这个过程的中间人。显然，从爸爸体内取出种子，再种到妈妈肚子里，这样复杂而精细的工程需要最高明的医术，绝不能交给业余人员来操作。

孩子们通常很乐意向我解释这些理论。6岁的比利不是很确定医生在“播种”过程中会做什么，不过，他认为医生会给爸爸做一个小手术，把种子取出来，然后再种到妈妈身上一个“恰当的地方”。“这个地方在哪儿？”“这个问题我无法回答！”比利优雅地退出了讨论。玛西亚的理论没这么复杂：“首先，医生要从爸爸那里把种子取出来。”“怎么取出来呢？”“这我怎么知道？然后，医生把种子做成一种药丸，让妈妈吃下去。”玛西亚家里有一只公猫和一只母猫，它们生下了三四只小猫。“迈克和贝琪是怎么有了小猫的？”“噢,它们交配！你应该知道的！”“它们不需要医生吗？”“当然不需要。猫和狗都不需要医生，它们只要交配，但人不能那么做！”

如果在恰当的时候告诉孩子人类生殖的真相，而不再假设爸爸是播种者、妈妈是肥沃的土壤，会发生什么情况呢？这样做也可以。当五六岁的孩子问起这个问题时，可以简单地给他解释一下。不过，直话直说的麻烦在于，在小孩子看来，这种解释比他自己的理论还要荒唐。我花了几个星期的时间，帮助一位 6 岁的小朋友弄明白种子是怎么进入妈妈的身体的。我们介绍完整个过程,并且他也得出了正确的结论,但他对此表示怀疑。“哦,”他真诚地说，“或许有些父母这么做，但我的父母不会！”

即便是最为开明的父母的孩子，也很难理解他们的父母会有性生活。而且，即便在学校里弄明白了人类生殖的真相，他们也无法理解父母可以出于生育宝宝之外的目的过性生活。孩子很难接受出于爱和快乐而过性生活的观念，无论我们多么巧妙地给他们提供这些信息，他们可能还是会把性交视为一种攻击行为，甚至是一种让人痛苦的行为。在孩子自己的经历或想象中没有任何东西能纠正他这个想法。的确，孩子从自己的经验中能够找到的与进入他人身体最为相似的事情就是在医务室里打针。由于他无法把父母的这种行为想象成“做爱”，便只能把它视为一种“获得”宝宝的手段，他无法理解父母可能是为了快乐才这样做。一位 6 岁女孩的母亲正在回答女儿的问题，内容是有关两个月后就要出生的新宝宝（家里的第三个孩子）。凯特说：“妈妈，有爸爸妈妈们想要宝宝但却得不到的吗？”“有的。”妈妈说。“哎呀，那我们家太幸运了，”凯特说,“每次你和爸爸想要宝宝,我们就能有一个宝宝！”凯特的母亲决定不再讨论这个问题。

我们费尽心机想要帮助孩子理解怀孕的过程，借助人体结构解剖图、高倍显微镜下的精子和卵细胞照片，以及所有能想到的影像设备，试图把这个难以理解的过程向孩子解释清楚。这种教育方式非常有效，但这些说明本身也会带来各种各样的困惑。

孩子刚刚走出魔法世界，学会不要相信没有证据的事情，他因为从来没见过女巫而不相信有女巫的存在、因为从来没见过仙女就嘲笑仙女的存在，此时，大人所讲解的生殖过程挑战了孩子刚刚掌握的现实感的极限。看不见精子和卵子，女孩和女人身上有看不见的特殊通道，当然也看不到甚至无法想象神秘的性交过程。那些被父母认为“什么都知道”的孩子对这件事知道的却很少。

据迈克的父母说，4 岁的迈克“什么都知道”。他第一次问妈妈宝宝从哪里来这个问题时，妈妈给他读了一本书（实际上这本书更适合年龄大一点的孩子），迈克专心致志地听着，偶尔要求妈妈为他重读一遍书里的某些内容，似乎他对这些知识的理解就像父母给他读天文学或原始人生活的儿童读物那么容易。当我认识他时，他能够复述宝宝出生的整个过程，从“精子遇到卵子”，到“宝宝从一个特殊的通道出来”。但是，当我有机会问他一些问题时，我发现“精子和卵子在妈妈的肚子里相遇”的意思是，精子是以某种神秘的方式从母亲的嘴巴进去的。而那个“特殊的通道”根本就不特殊，他不确定这个特殊的通道是撒尿的地方还是拉大便的地方，但肯定是其中之一！他还告诉我一个我以前从来没有听说过的新奇理论。“你知道吗？”他严肃地说，“妈妈的一些卵细胞永远不会变成宝宝，因为爸爸把它们吃掉了。”我让他为我解释一下。“我的书里是这么说的！”他坚持说。除此之外我没有从他那里得到更多的信息，我随后查了一下那本书，想看看迈克看到了什么，以及是什么内容被曲解了。在这本书里，我发现了这句话：“虽然雌鱼能产数百万个卵，但只有很少的卵能变成幼鱼，因为雄鱼或其他动物把这些卵吃掉了！”

在后来与迈克进行讨论时，我发现他实际上并没有错误理解这句话的意思，他只是将鱼卵的命运照搬到了人类的卵细胞上。他无法解释母亲的卵细胞比她的宝宝多的原因，书上的这一细节恰好给予他解释。对迈克来说，父亲吃掉卵细胞的这个想法，似乎并不比他从这本书里看到的其他事情更奇怪。他已经掌握了有关人类繁殖的所有重要事实，并且也记住了这些事实，但他仍然根据吃和排泄提出了一个新理论。在父母对迈克进行性启蒙教育之前，他原先的理论是小孩子通过观察自己身体的功能而得出来的典型理论。东西怎么才能进到“肚子”里面呢？当然是吃进去的。那么,东西怎么出来的呢？当然是排泄出来的。所有这些，对于迈克这个年龄的小男孩来说，比书本或父母告诉他的事实真相更有意义。但迈克很尊重书，也很尊重像父母这样他所敬重的权威人士提供的信息，所以，他就想出了一个折中的办法，将自己原有的理论与新了解到的事实很好地结合在一起。

这些对孩子性教育的失败让我们备受打击，但是我们不必感到气馁，我们不能因为孩子难以理解这方面的事实和原理，就放弃其他形式的教育。如果我们充分了解小孩子在理解性知识方面所遇到的困难，就可以相应地调整性教育的方式，也可以根据对孩子某个特定发展阶段的心理过程的了解，确定性教育的时机和开展性教育的方法。在后面的章节中，我们还会详细、深入地讨论这个问题。

“爱上”爸爸或妈妈

“等我长大了，”吉米在餐桌上说，“我要娶妈妈。”

“吉米，你疯了！”8岁的简理智地说，“你不能娶妈妈，而且，爸爸怎么办？”

这个满嘴道理的女人真烦人！谁在乎你讲的这些愚蠢的道理！其实也有办法。“爸爸会老，”梦想家吉米说，嘴里塞满了四季豆，“而且会死。”然后，吉米被自己恶毒的话吓着了，急忙又说了一句：“但他也许不会死，我会娶玛西亚。”

这当然很荒唐，这是童年又一个不可能实现的白日梦。吉米在餐桌上宣布的长大后要娶妈妈的决定与这个4岁孩子其他许多富有想象力的计划不一样吗？他还打算长大后当一名公共汽车司机，上周他曾想过长大后当一名清洁工，最近他还计划了到月球的首次旅行。他好心地给家里的其他人也预订了座位，并且对家人的不感兴趣和缺乏远见大为震惊。而现在，他打算长大后娶妈妈。

如果这是童年的一个白日梦，为什么我们对它的重视超过其他的白日梦呢？因为孩子自己认为它很重要。我们能够深深地体会到这个童年幻想所代表的爱。小男孩幻想取代父亲，相似的，小女孩也幻想取代母亲。对他们来说，这种愿望足以让他们的内心产生一段时间的冲突，因为这种愿望其本质是与同性父母的竞争和对他们的攻击。童年早期的这种爱之幻想让孩子陷入两难之中，因为他们与之竞争的父母，也是他们爱的对象。当吉米希望父亲死去并取代父亲时，他就要直接面对一种极为矛盾的情绪。他也很爱自己的父亲，想到父亲会死让他感到很害怕。通常，在以后的爱的体验之中，我们不会遇到这样两难的境地。

弗洛伊德把童年早期这种对异性父母的爱和依恋，以及与同性父母的冲突导致的各种后果，如攻击性和内疚感，及其解决方式，称之为“俄狄浦斯情结”。弗洛伊德通过对自我分析和对神经症患者的分析，发现了俄狄浦斯情结。后来，对幼儿的直接观察明确表明，所有正常孩子都会经历这样一个阶段。俄狄浦斯情结本身并不是一种病态或致病因素，一般来说，它引发的冲突能得到解决，甚至它们常常会被忘掉。

这个无法实现的白日梦或许像人类历史那样久远，在它被发现并且被用精神分析方法进行分析之前的数千年以来，小孩子们一直做着这个无法实现的白日梦，体验着它所带来的情感冲突，并且最终没有依靠任何智者的指导就放弃了它。如今，无数的父母们从来没有听说过俄狄浦斯情结，即使他们在自己孩子身上看到了这种情结，也意识不到这是什么。大多数父母对此一无所知，但也成功地养育了自己的孩子。事实真相是，无论我们是否了解俄狄浦斯情结，对孩子来说结果都是一样的，他们都必然会以失望和放弃而结束爱的白日梦。由这些愿望而引发的冲突也会得到解决。当竞争消失，人格会再一次以积极的方式得到整合。与同性父母的竞争最终总是被对同性父母的爱所征服。在孩子6岁左右，他们对前不久还是其竞争对手的同性父母会表现出更为强烈的认同感，就好像在说：“既然我不能取代父亲，不能成为父亲，那我就像他吧。”孩子从此会开始模仿父亲，追随父亲。一般而言，所有的男孩都会这样，同样，所有的女孩也都会对母亲产生认同感。

但在观察一个具体的孩子时，我们需要重视俄狄浦斯情结对3～5岁孩子情感发展的重要作用。父母对孩子的理解，能有效地帮助他成功地处理这个年龄段遇到的冲突。（很多有见识的父母对俄狄浦斯期的意义有许多误解，父母也有许多“正确”或“不正确”的态度需要澄清。）此外，儿童在这一时期的某些焦虑，只有把它们看成是孩子在抗拒俄狄浦斯情结导致与父母情感关系出现困扰，我们才有可能理解它们。

谁也不会想到，三五岁的孩子会在自己家里直接表演这出爱与竞争的剧目。我们也不会假设，孩子在这个发展阶段所做的每一件事都与俄狄浦斯情结有某种联系。在这几年里，孩子在其他许多方面都会获得发展，也有许多其他事情要思考。但是，在这个年龄段，有一些特定的典型困扰的确与俄狄浦斯情结有关，尽管我们很难立即从各种伪装中猜测出这种联系。

让我们再多听一些吉米的故事吧，看看他的一些很令人费解的行为和恐惧是怎么与俄狄浦斯情结联系在一起的：

> 自从在吃晚饭的时候暴露了自己的白日梦之后，尽管只有刻薄的简说出了自己看法，但吉米感到很不舒服。他并不真的希望父亲变老、死去，他非常爱他的父亲。因此在说出自己的想法后，吉米极为不安，假如这个坏念头真的实现了呢？假如父亲真的死了呢？
>
> 在那天晚上剩下的时间里，吉米一直很忧郁，而且很容易发脾气，他似乎陷入了一个困境。晚上睡觉时，他想让爸爸给他读一个故事。不，他不想听“那个”故事。那么，“这个”故事怎么样？不要。噢，他根本就不想听故事。那他想要什么呢？好吧，他想听

唱片。爸爸会给他放唱片吗？不，不是这张，是那张。不，不是那张，是这张。可他到底想要什么？他哭着说每个人都对他很刻薄，他恨这座老房子，他想住到艾伦的家里，永远、永远也不回来了，然后，他怒气冲冲地打了父亲。困惑的父母不知道吉米为什么会这样。最后，父亲说他已经受够了，命令吉米回自己的房间，直到吉米平静下来，而且，今晚没有故事也不会放唱片。这似乎正是吉米盼望的事情！“你真坏。你是全世界最坏的爸爸，我希望你死！”吉米噔噔地冲向自己的房间，砰地关上门。

“这孩子今晚到底什么毛病？”吉米的父母面面相觑，不得其解。到这个时候，所有人早就忘记吃晚饭时的谈话。毕竟，谁能清楚地记住忙碌的一天中发生的所有事情呢？即便有人记得，又怎么可能想到把乱发脾气的行为与晚饭时的谈话联系在一起呢？

当然，在我们第一次经历睡觉前发生的这几件事情时，并没有发现它们之间有明显的联系。但是，让我们来看看这几件事情发生的顺序，其中是否有某种含义。晚饭时，吉米吐露了他要在父亲死后娶妈妈的白日梦，然后他感到内疚和不安，赶紧试图收回自己说过的话。后来，在睡前故事时间——这通常是他与父亲最快乐的时光之一，吉米烦躁不安、满腹牢骚，爸爸做什么都不能让他满意。他一会儿要这样，一会儿要那样，变来变去地令人恼怒。我们怀疑这个时候，让吉米拿不定主意的是一件比听故事或放唱片重要得多的事情，那就是他在吃饭时满脑子想的“我想让爸爸死吗？”“我不想让爸爸死吗？”吉米在这个可怕的问题上优柔寡断，于是它被置换成选择听故事还是放唱片，这种相对来说不那么重要的问题。

尽管在睡前故事时间，父亲对吉米的“是与不是”的选择很耐心，但吉米自己的挫折感却逐渐累积得让他无法忍受。此时，他哭喊着指责每个人，说别人都对他不好，他恨这座老房子，要搬到朋友家里去住，而且永远也不回来了。他这是在胡说八道吗？如果我们把这仅仅看作是吉米因为听故事还是放唱片的举棋不定而产生的烦恼，整个事情就会显得很不合理。首先，他的父亲并没有对他不好，他在整个“是与不是”的过程中对吉米很有耐心。其次，为什么在选择听哪个故事之后就要离家出走呢？这也完全讲不通，除非我们知道“戏中戏”。因为，吉米的内心戏肯定与他和父母的冲突有关，即吉米想要母亲和不想要母亲的冲突，想除掉父亲和不想除掉父亲的冲突。吉米不知道自己为什么对听故事和放唱片如此苦恼，他的父母也不知道他为何这样。他离家出走的宣言，实际上与睡前故事无关，与父亲对故事的态度也无关。它是无意识对话的一部分，就好像是在说：“这个问题在这里找不到解决办法，我最好另找一个家。”

但是，我们还需要考虑一些别的事情。吉米在招惹他的父亲，挑战父亲的耐心极限。无意识中，他想让父亲生气，以结束这一切。当然，父亲的耐心确实到了极限，他变得严厉起来，命令吉米回到他自己的房间。而这好像正是吉米想要的，他大喊道，爸爸真坏，他希望爸爸去死。吉米似乎在要求父亲惩罚自己的罪恶，同时利用惩罚来证明他有理由生父亲的气，因为这个时候他可以愤怒地对父亲说：“我希望你死！”

我们应该告诉大家，吉米的故事结局：

> 那天晚上，吉米被噩梦惊醒，哭着喊爸爸。他梦见一只老虎从动物园的笼子里逃了出来，从客厅的窗户跳进家里，追着他到处跑。吉米跑进自己的房间，“砰”的一声关上门。老虎试图撞开门咬死他，吉米使劲顶着门，大声喊爸爸，可是没有人来，他担心父亲死了。然后，吉米被吓醒了。

当然，除了安抚吉米之外，父亲也做不了什么。那么，让我们来看看能否理解吉米这个噩梦的某些内容。

在梦中，吉米被一只愤怒的想要吃掉他的老虎追赶。现实中，在做梦的那天晚上，一个愤怒的小男孩告诉他的父亲，他希望父亲去死，然后他怒气冲冲地跑回自己房间。所以这个小男孩的愤怒在梦中转变成了老虎的愤怒，让吉米自食其果，陷入危险之中。我们猜老虎还代表着吉米的父亲。这个小男孩觉得，父亲会因为自己的诅咒而惩罚他，对他做出他想要对父亲做的事情。那个在晚上8点宣布独立、不再需要父亲的小男孩，就是在梦中尖叫着想要爸爸给予保护和帮助的小男孩。他深爱自己的父亲，当他在梦中呼唤父亲而父亲没有出现时，他害怕父亲真的死了，自己的那个坏愿望变成了现实。

事实上，从孩子某个莫名其妙的行为或焦虑中，我们更有可能发现被隐藏的俄狄浦斯情结，而不是听到孩子直接表达他对母亲的爱和想要取代父亲的愿望。在整个拥有俄狄浦斯情结的成长期，像吉米这样在晚饭时直接说自己想娶母亲的情况并不多见。因为这种想法会激起孩子的内疚感，而这种内疚感在幼儿时期就已经被他压抑了一部分。

在五六岁的某个时候，或许更晚一点，这种无望的白日梦开始逐渐消失，最终会被驱赶到一个看不见的地方，那里存放着所有被抛弃的白日梦。孩子可能永远想不起它们，也根本不需要想起来。

爸爸妈妈注意啦！

- 那些我们所推崇的人类品质，比如，同情、认同他人、超越自我的爱、对生命的珍视、对破坏行为甚至想法的道德批判，都是儿童早期家庭教育的结果。
- 当三四岁的孩子知道自己是“谁”时，他的智力就需要应对一系列新问题的挑战，他开始明白万事皆有因。
- 弗洛伊德把童年早期对异性父母的爱和依恋称为“俄狄浦斯情结”。一般来说，它引发的冲突都能得到解决，甚至常常会被忘掉。

THE

Magic Years

07

性教育的内容不仅仅是性

性教育的意义

告诉孩子生殖方面的知识只是性教育工作的一小部分内容。这部分工作很重要，但我们不再认为它的意义像以前的性教育倡导者所说的那样无处不在。在性教育运动的早期，我们相信对性持以坦率和诚实的态度本身就可以防止孩子今后出现性功能障碍。我们现在知道，成年人的性生活满意度取决于很多因素，其中一些因素与童年早期的性教育有关，这些因素可以用下面这句话来概括：成年人性生活的满足程度取决于男人对自己男性特征的信心与快乐、女人对其女性特征的满足与快乐的程度，以及男人和女人放弃自己童年时代对父母的依恋，全身心地去爱一个异性的能力。

广义而言，这意味着性教育的目的必须是：教孩子实现自己的性别角色，让他为自己身为男孩或女孩感到恰当的满意；与父母的情感联结必须足够亲密、有力，以确保孩子将来有可能拥有自己的爱情生活，但这种情感联结也不能过于强烈以至于吞噬一切，以免妨碍孩子成年之后的爱情和婚姻。这项任务的确非常艰巨！

如果基于以上事实，给告诉孩子事实真相的性教育做一个恰当的定位，我们不得不这样说：如果性教育能增强孩子对自己的性别角色的满足感、了解自己性别角色应承担的任务；如果它能让孩子用一种既能减轻内疚感和焦虑，又能加深对父母的信任和爱的方式，对待生殖、人体构造和性感觉方面的事实时，那么这样的性教育就是成功的。这意味着，当我们发现孩子并没有真正理解我们告诉他们的事实，甚至还用自己的想法扭曲了事实时，**我们也没必要过于担忧性教育的结果，我们有足够的时间帮孩子弄明白事实真相**。我们应该安慰自己，即使孩子接受最好的性教育，他也不可能完全理解性是怎么一回事，因为他的身体和经历还不足以让他彻底明白。

但是，让我们来看看，如果孩子不喜欢自己的性别，最彻底的性教育会起到什么效果吧。一个小女孩能够学会我们告诉她的全部生殖知识，了解她的身体会为将来做妈妈做一切准备，但是，如果她对自己身为女孩深感失望甚至憎恨，认为做妈妈是对女性悲惨命运的最大侮辱的话，对这个失望和自我贬低的女孩而言，知道“自己为什么会是女孩”有什么用呢？如果人们用最好的、最坦率的方式将生育知识告诉一位小男孩，但他却把女性看作一种危险的生物，并且认为女性会威胁到自己的男性气概，那么，对于这个小男孩而言，知道自己将来有一天会成为丈夫和父亲、会与一位女性发生性行为的知识会比对此一无所知更令他苦恼。

因此，性教育的目的不仅仅是告诉孩子性知识，还要让孩子现在和将来都能接纳自己的身体、性别以及性别角色。这就要求性教育要包括父母对待孩子自慰和性游戏的态度、对孩子俄狄浦斯情结的处理，以及如何帮助孩子形成对同性的性别认同和接纳自己的性别。告诉孩子性知识并不是单独的一课，它属于给孩子进行以上性教育的一部分，不能与这些内容脱节。

父母的困境①

每一位明智的父母现在都知道，在孩子自慰或玩性游戏时，什么事情都不要做。我们一定不能让孩子产生羞耻感，也不能威胁孩子。如果与生殖器有关的羞耻感和焦虑感过高，会严重扰乱孩子人格的发展，并且有可能造成孩子成年后的性功能障碍。

但是，对于这个问题的另一面，专家们并没有给父母们太大的帮助，那就是，应该怎样对待孩子的性游戏才能既不给孩子无限制的自由又不会导致他对性形成不良认知呢？下面这个故事，很好地体现了现代父母的困境。

> 汤米的妈妈无意间听到，6岁的汤米邀请异性小伙伴波莉到他的房间里看他收集的明信片。听到汤米那幼儿版的男士开场白之后，妈妈皱了皱眉，接着听见他们上楼关上了房门。她不安地想起来，就在一两个星期以前，波莉的妈妈发现这两个孩子在后院玩“厕所”游戏，她送汤米回家并严厉地警告了他。汤米的妈妈不知怎么办才好，慎重地考虑了一会儿之后，她上了楼。她走到汤米的房门口时迟疑着寻找恰当的借口。她知道在这种情况下如果措辞不当，可能会给孩子造成伤害，她甚至不确定，父母是否有权干涉汤米。最后，她敲了敲门，说道：“我能进来吗？”汤米含糊不清地答应了一声，然后她推开了房门，看见汤米和波莉脱了一些衣服，坦然自若地半裸着身体。汤米的妈妈竭力在脑海中搜索处理方法，最后她听见自己说：“你们两个不觉得冷吗？”“不。”汤米坦率地说。

母亲这种不明确的态度的确让这件事陷入僵局，但没有对孩子造成伤害。如果此时妈妈让汤米知道她了解这些游戏，这要比假装不明白会有更好的效果。因为，在妈妈发现汤米与波莉的秘密游戏时，尽管汤米显得很镇定，但

---

① 这一部分原先发表于我的论文《帮助儿童发展自我控制能力》（*Helping Children Develop Controls*）中（*Child Study,* Winter 1954-1955, published by the Child Study Association of America），感谢美国儿童研究协会授权我使用这部分内容。

实际上，正如妈妈后来发现的那样，他对自己玩这种游戏感到羞愧和担心。如果汤米知道妈妈了解他的秘密，但她不认为这件事情是可耻的或是罪恶的，汤米就会轻松了。像很多孩子一样，汤米几乎是故意安排了这一幕，以便母亲能够“抓住他”。

同时，除了简单地安慰汤米之外，妈妈还需要告诉汤米更多事情，因为在汤米这个年龄，他可以在大人的帮助下明白，除了通过游戏，还有其他方法可以满足自己对性的好奇心。我认为，汤米的妈妈或许可以这样处理这件事：直接要求进入汤米的房间，平静地建议这两个孩子穿好衣服，找点其他的事情做。之后，再找个恰当的机会与汤米私下谈谈这件事。这样，妈妈就向汤米传递了一个信息：孩子们好奇男孩、女孩是怎么回事是很正常的，但通过看和做游戏，他是找不到这些问题的答案的。他可以问爸爸妈妈所有他想问的问题，而爸爸妈妈能让他明白这是怎么回事。用这种方法，汤米就不会觉得羞耻和害怕，他正常而必要的好奇心也不会因此受到损害。

我们在处理孩子与性有关的行为时，应该怎么做和怎么说主要取决于孩子的年龄和行为的类型。在某个发展阶段是“正常”或“典型”的行为也许在另一个阶段就不太恰当。我们对这些行为的判断和处理方法，也应该根据发展阶段的不同而有所区别。让我们来看一个例子。

如果幼儿园里一个3岁小男孩发现观察小女孩怎么小便很有趣，我们会认为这个行为是他这个年龄的孩子对性别差异感兴趣的一种正常方式。我们的处理方法是，允许孩子在上厕所时做自然观察。通常，这种兴趣会逐渐减弱，在学龄儿童中，这种兴趣会变成孩子们拿上厕所开的玩笑。但是，假如我们这个3岁的孩子无法放弃对直接观察的兴趣，并且到了8岁，还在夏令营时一再偷看女卫生间，那我们就不能认为这种行为在他这个年龄是恰当的了，我们会假设存在某种个人原因导致他一直延续婴幼儿时期对性的好奇。

如果我们在处理这个8岁孩子沉迷于看女卫生间的问题时采用的办法与

处理3岁孩子对此的好奇心相同，那么我们就无法解决这个8岁孩子的问题。因为，对于3岁的孩子来说，有正常的机会进行观察，尤其是在“看”的同时回答孩子的问题，就可以满足他“看”的需求。但是，对于这个8岁的孩子来说，正如我们从这个行为的顽固性上看到的那样，“看”并不能满足他的好奇心。他的“看”更多的是因为焦虑而不是好奇心，似乎他不相信自己的眼睛，才必须一遍又一遍地去看。如果我们给这个8岁孩子提供观看的机会，就像对待幼儿园里3岁的孩子那样，就是给他帮倒忙，也会伤害他的夏令营同学。夏令营工作人员的正确做法是，尽可能温和而坚定地制定明确的规则制止这种行为。如果要帮助这个孩子解决问题，我们还必须找出他这么做的原因，而不是给他的问题提供一个发泄的出口。

同样，在不同的年龄段，自慰有不同的含义。两三岁的孩子有时会很随意地摸自己。在做游戏或者安静的时候，他们的手会放在生殖器附近，似乎毫不介意有成年人或其他孩子在场。这时一般没必要因此而数落他。随着孩子逐渐长大，他会对自己加以约束，只会在独处时偶尔自慰。这是随着孩子社会意识增强而出现的正常发展变化。我们之所以支持孩子把自慰视为个人私事的这一认识，不是因为自慰是可耻的或者是种恶习，而是因为它是众多隐私行为中的一种。一个学龄儿童当众频繁地自慰或者触摸生殖器与学步儿随意触摸生殖器的意义不一样。如果年龄较大的儿童仍然出现这种自慰行为，我们需要予以重视，这可能暗示孩子有某种没有被解决的焦虑。

实际上，并非所有儿童时期我们称之为自慰的行为都是严格意义上的“自慰”。整天摸或时不时需要碰一下自己阴茎的小男孩通常不会从这种行为中得到快乐，这些都是孩子焦虑的标志。孩子反复摸阴茎或者握住阴茎，是为了让自己放心它没问题。在任何不应该再公开触摸生殖器的年龄仍然这么做的男孩或女孩，呈现的是一种比自慰更为复杂的行为。他们是想唤起大人对自己自慰的关注，是在坦白，想引起他人对自己这种行为的反应，有时甚至是想招来惩罚或批评。在这些情况下，父母们或许想得到一些评估和正确处理这种行为的建议。

应该满足孩子对性的多少好奇心[①]

如果一个孩子对母亲或父亲的身体构造感到好奇，应该给他看父母的裸体，直接满足他的好奇心吗？近些年来，许多父母试图通过允许孩子看自己穿衣服或和孩子一起洗澡来满足孩子这方面的好奇心。不过，我们对来自这样家庭的孩子的观察表明，这方面的纵容会引起孩子各种内疚感和焦虑。过度自由所引发的心理冲突与过度限制相似。直接观察父母的裸体并不能真正满足孩子的好奇心，因为父母赤裸的身体实际上也解释不了什么，孩子反而可能因为看到父母的裸体而有一种隐秘的兴奋（即便孩子自己没注意到这一点），并为自己的这些反应感到羞愧。

然而，孩子对父母和成年人身体的好奇心很直接。那些想做到诚实、自然，但又想保护自己隐私的父母可能会发现自己对如何处理这种情况拿不定主意，这完全可以理解。有一位父亲曾经咨询我应该如何处理他的 4 岁女儿的问题。如果她一再要求看父亲洗澡，表现得对父亲的阴茎很有兴趣，最近还要求摸它，他应该允许吗？他妻子觉得，如果这样做可以满足孩子的好奇心，就应该允许。“但我不介意告诉你，”这位父亲挑衅地说，“我发现这让我很尴尬。”虽然这位父亲认为现代心理学也赞同直接的好奇心应该得到满足，但当我告诉他，我认为没有必要用这种方式满足他女儿的好奇心，而且这样做对他女儿也没什么好处时，他非常惊讶并且如释重负。

但是，如果我们限制孩子对性表现出的好奇心，难道不会让孩子觉得性很神秘，并对这一类的事情感到羞耻吗？当然不会。如果我们对这种好奇心感到震惊和害怕，并且威胁孩子，就肯定会让孩子产生不必要的羞耻感。但是，假如那个向我寻求建议的父亲对女儿这样说：“我知道所有孩子都很好奇大人的身体是什么样的，但就像孩子们一样，大人有时候也喜欢自己独处。如果你想知道什么，可以问我或者问妈妈，我们给你解释。”

---

① 这一节的部分内容原先发表于我的论文《帮助儿童发展自我控制能力》（*Helping Children Develop Controls*）中（*Child Study*, Winter 1954-1955, published by the Child Study Association of America），感谢美国儿童研究协会授权我使用这部分内容。

这样回答可谓一举多得。我们承认孩子有好奇的权利，也没有说孩子的好奇很危险或不好，我们只是要求她说出自己的好奇，以此来代替直接观察和检验。

也可以用同样的原则来处理儿童之间的性游戏。虽然我们认为检查身体的游戏是童年早期对性产生好奇的正常表现，但可以肯定的是，孩子的这种探索难以找到答案，而且他的一些发现还会让他感到焦虑和困惑。聪明的父母会设法帮助孩子用提问带出他的好奇心，用讨论帮助他澄清一些错误认识。这样，与性有关的信息就能帮助孩子控制直接的性行为，因为就像其他行为那样，必须对性行为做出某些合理的限制。

如何告诉孩子性知识

在孩子提第一个与性有关的问题时，他对人类繁殖就已经有了自己的想法和理论，并且在之后的很长一段时间内都如此。这些理论源于他对自己身体机能的观察，他们经常会以吃和排泄来类比生育。我们告诉孩子的有关人类生育的事实真相超出了他们的经验，在他们看来很奇怪，甚至很荒唐。这种性教育的结果可能只是把一个理论（我们的）叠加在另一个理论（他们的）之上，往往让孩子更加困惑。

因此，在向孩子介绍新的事实之前，先考虑一下孩子自己的理论。“妈妈，宝宝是从哪里来的？”“丹尼，跟我说说你认为宝宝是从哪里来的。”或者说：“你试着猜猜看，然后我再帮你弄清楚。”这样，我们就能先了解孩子的理论，再帮他弄清楚事实。

> 4 岁的黛比去看望刚出生的堂妹。
>
> “妈妈，玛格丽特姨妈是怎么有的黛比？”
>
> “那么，你是怎么想的，黛比？”
>
> “她从超市买来的！”黛比咯咯地笑着。
>
> “你看见过超市卖小宝宝吗，黛比？”

“没见过！”

“好，你再猜猜。我会帮你弄明白的。”

黛比沉默了一会儿。“乔尼的妈妈很胖！”黛比说。她知道乔尼家就要有一个新宝宝了，但她还没有就此问过妈妈。然而，黛比以这种方式告诉我们，她已经把两者联系起来了。当然，黛比是对的。

“黛比，为什么你觉得乔尼的妈妈很胖？”

“因为她吃了一些特别大的东西！”

“你是这么想的吗？——再猜猜。”

“乔尼家要有个新宝宝了，乔尼说的。”

“你觉得这就是让乔尼妈妈变得很胖的原因，是吗，黛比？”

“可她为什么那么胖呢，妈妈？”黛比对自己的结论还不十分肯定。

于是，她的妈妈解释说，乔尼妈妈的肚子里有一个宝宝。这件事黛比已经知道，或者说她已经猜到了，但黛比需要妈妈亲口告诉她的确如此。她的心中可能还有其他一些疑问，只是她还没有说出来。

此时，黛比的妈妈没有再提供更多的信息，而是等待。搬出从“精子遇到卵细胞”到“宝宝从特殊的通道出来”这一套理论其实很容易，这也是我们在给孩子提供性知识时最常犯的错误。在孩子能够一点点地消化我们告诉他的事实，并且放弃他自己的理论之前，这些知识对孩子来说没有任何意义。所以，黛比的妈妈选择了等待。

在接下来的几天里，黛比没有再问妈妈问题，但看得出来她忙着自己做研究。一个叫作霍尼的旧洋娃娃被黛比拆开了，结果她没有发现任何解剖学上的秘密，也没有找到藏在里面的宝宝。她喂一个叫作南希的洋娃娃蛋糕和苹果，期待它能怀孕，并每天检查它好几次。黛比自己则开始在镜子前不停地摆姿势，她装出一副无精打采的模样向前挺着肚子，巧妙地模仿孕妇。有一天，看见女儿这副奇怪的模样，爸爸吓了一跳。“怎么了，黛比？”他问道。

“有什么事情伤着你了吗？”“我有宝宝了。”她一本正经地说。“等你长大成为女士之后才会有宝宝。”爸爸婉转地说。“我现在就想。”黛比表示抗议。后来，在吃晚饭时，黛比一边往嘴里塞吃的，一边若有所思地说：“女士要吃什么才会有宝宝呢？”

晚上睡觉前，妈妈对黛比说:“你觉得女士必须吃点什么才能有宝宝，是吗？”

“当然。”

“你觉得那会是什么呢？”

“一个大水箱，”黛比说，“大水箱有些大，或许是西瓜或者南瓜。”

“可一位女士怎么吃一个西瓜或南瓜就会有宝宝呢？”

“或许她吃一个小的，然后西瓜慢慢地、慢慢地长大，她就有宝宝了。”

在黛比表达自己的观点时，妈妈一直耐心地听着，一点儿也没有嘲笑女儿的理论。如果我们想让孩子告诉我们他们的想法，就要特别注意，在他们说出自己的想法时，不要让他们觉得自己很愚蠢。所以，在黛比说完自己的想法之后，妈妈说，母亲不是吃了某种东西才有宝宝的，而是因为成年女士特殊的身体构造让她们能有宝宝。随后，妈妈给黛比讲了一些关于非常小的卵细胞和宝宝如何从受精卵开始发育的知识。她还很小心地解释了宝宝是在母亲身体里一个特殊的地方发育，这个地方不是胃，食物无法到达那里。黛比可能会觉得这些事情难以理解，但母亲想让她从一开始就有一个正确的认识，以便让她逐渐放弃以前吃东西才会有宝宝的理论。

黛比想知道她身体里有没有卵细胞，以确定她想要宝宝的时候是不是也会有宝宝。妈妈解释说，当黛比长大成为一名女士时，就会有卵细胞，也能有小宝宝了。但她需要先有一个丈夫，因为宝宝也必须得有一个父亲。母亲就说到这儿，她并没有告诉黛比父亲的作用是什么，除非黛比特意问这个问题。大多数孩子都不会在第一次问宝宝怎么在母亲体内生长的同时追问父亲的作用。今晚妈妈告诉黛比的知识足够她吸收的了。而且，妈妈还没有告诉黛比宝宝是怎么出生的。她预计过不了多久，黛比的好奇心就会促使她问这个问题。如果我们以孩子自己提出来的问题作为指引，就能避免在孩子的性教育问题上走得太快。

在接下来的几个星期里，黛比时不时地要求母亲再给她讲讲卵细胞以及宝宝是怎么生长的，因为她记不住其中的一些细节。有一次，在妈妈问黛比是否愿意讲给妈妈听时，黛比认真地复述了一遍妈妈所讲的内容，但有一个重大错误——卵细胞似乎是被妈妈吃进肚子里去的！（就在这段时间，黛比在吃早餐时很害怕吃鸡蛋，她显得很担心鸡蛋里面的小鸡的命运。）因此，妈妈不得不再一次处理黛比原来的理论（女士必须通过吃才能有宝宝），并且又耐心地再次做出解释。

几周之后，乔尼的小弟弟出生了，他妈妈从医院回到家里。有一天，黛比陷入沉思，她说："他们把乔尼的妈妈切开不会伤到她吗？"（不，乔尼的母亲没有做剖宫产手术，黛比也没有听到过任何大人说剖宫产这件事，这是她自己的想法。）"你认为他们必须把她切开才能让宝宝出来吗？""我是这样想的。"黛比坦率地说。"你能想到宝宝可以用其他什么方法出来吗？""那大概要他妈妈爆炸吧，"黛比说，做出一副受到惊吓的样子，"就像一个气球一样。"（这时候，妈妈才终于理解了前几天发生的一件让人费解的事情。当时黛比在吹气球，当气球"砰"的一声爆炸时，她被吓得大哭，过了好久才平静下来。）妈妈说并非如此，母亲不用做手术，也不会爆炸。"那么，"黛比不情愿地说，"宝宝一定是从拉大便的地方出来的！"妈妈提醒黛比，宝宝不像食物，母亲也不是通过吃才怀上宝宝。如果宝宝在母亲体内某个特殊的地方生长，而那个地方有个专门的开口能让宝宝出来，这样不是很好吗？黛比看上去既吃惊又怀疑。"那是什么地方？"她怀疑地问。母亲拿起一个洋娃娃说："如果这是一个真实的女孩或女士，这里有几个开口呢？""一个小便的和一个大便的。"黛比立刻回答。"你指给我看看。"黛比指了一下。"你指得对！不过，在这里还有一个（母亲指给黛比看），这儿就是宝宝出来的地方。”黛比想知道自己是否也有这样一个地方，妈妈让黛比明白她也有，但在小女孩身上这个开口非常小。

我们估计，在之后很长的一段时间里，黛比对妈妈说的这些话都会感到困惑不解。她可能会进一步提出问题、混淆事实或者回到以前的理论上，她也很可能需要用几年的时间才能真正弄明白妈妈说的这一切。但是，黛比的父母所采用的方法最有可能让孩子最终接受这些知识。父母结合黛比提出的问题，先搞清楚了她的理论，再逐步告诉她这些知识，尽可能避免把性教育建立在孩子的错误理论之上。

黛比可能立刻就会打听父亲在人类生育中的作用，也可能要过许多个月之后才问。无论什么时候问，她的问题都会提示我们，她是否已经准备好接受新的知识。如果我们通过复杂的描述，把所有的信息一股脑儿全告诉孩子，会让孩子难以吸收，我们也没有机会先处理孩子的错误概念。实际上，这样做只能让孩子更加困惑。此外，我们也需要考虑到一些特殊的情况。例如，如果一个学龄儿童还不曾问过父亲在人类生育中的作用，那么我们可以假设这个孩子不太愿意问这些问题，或者他已经通过其他孩子知道了这是怎么回事，觉得整个过程让人反感。在这种情况下，父母应该婉转地展开这个话题，并邀请孩子就此提问。

父母在俄狄浦斯期应起的教育作用

3 ～ 6 岁的孩子在俄狄浦斯期对父母的爱恋是儿童发展的正常组成部分。通常，孩子最后会放弃这种不现实的取代母亲或父亲的白日梦，与俄狄浦斯情结有关的冲突也会逐渐消失。

我们确信，童年时期的这种爱，以及对这种爱所引发的冲突的解决方法，会影响孩子青春期和成年后对爱的态度。**如果男孩对母亲或女孩对父亲的这种依恋一直持续的话，日后，孩子将难以用成年人的爱情代替童年的旧爱。**所有父母，包括那些从未听说过俄狄浦斯情结的父母，对于解决这些冲突起着至关重要的作用。正是由于父母的作用，大多数孩子都会放弃这种不可能实现的白日梦，开始对学校生活充满兴趣，逐渐成熟，摆脱童年的依恋去寻找新的爱的对象。

在出生后的头几年里，吉米以及所有的孩子都必须认识到父母有自己的私生活，这是父母之间一种将孩子排除在外的特殊的爱。孩子通常会怨恨这一事实，但是，帮助他们接受它很重要。小孩子会抗议父母外出过夜或度假，实际上，很多父母对不得不把孩子排除在他们的私生活之外感到内疚。然而，对孩子来说，这是一种必要的教育。

父母的卧室可以成为这种私密的象征，一个普遍的原则是要从童年早期就保持父母卧室的这种私密性。这就意味着，孩子不能睡在父母的房间里，父母也不应该把孩子带到自己的床上。即便孩子被噩梦惊醒，要求和父母一起睡时，更为明智的做法是在孩子自己的小床上安慰他。也不应该让孩子看见父母穿衣、洗澡或上厕所。

这样避免孩子知道父母的隐私是不是有些小题大做了？难道不会让孩子觉得父母过于神秘了？我们当然不需要给孩子造成这两种印象。对于一个家庭来说，向孩子实事求是地声明隐私原则，尽早确立并在整个童年时期保持这一原则并不难。

通过这样或那样的方式，我们会让孩子感到，父母彼此之间的爱必须得到尊重。尽管孩子深爱父母，但不能干涉父母的亲密关系，不能分享父母生活中的亲密，不能独占父亲或母亲的爱。如果孩子幻想与异性父母结婚，独占异性父母的爱，那就只能是幻想，因为我们不会鼓励孩子这样做。没有我们的鼓励，孩子就会放弃这种幻想。

但有时候，在父母关系不和谐的家庭里，对婚姻、爱情失望的父亲或母亲可能会使孩子产生想独占异性父母之爱的念头。母亲对儿子表现得非常温柔，却对丈夫漠不关心；而父亲可能钟爱自己的小女儿，送给女儿连她的母亲都难以得到的贵重礼物和关爱。在这种情况下，童年时期与父亲或母亲有特殊亲密关系的幻想，以及将同性父母排除在外的白日梦，被现实生活赋予了实质性的内容。在某种程度上，父母的态度助长了孩子的这种幻想。与那些很早就知道父母属于彼此、他们之间的爱与他们对自己的爱不一样的孩子相比，这种孩子更难放弃自己对异性父母的幻想。

因为同样的理由，我们不应该将孩子偶尔对父母表现出的羞涩和调情视为“可爱”。成年人在这种时刻的一点点小评论和玩笑都很容易被孩子捕捉到，并将其视为一种鼓励。我们不需要为孩子表现出来的情欲而感到好玩或受宠若惊，同样，我们也不应该为孩子的这种表现感到震惊。只要我们表现出慈父般的或慈母般的成熟态度，这种行为就会因为缺乏鼓励而很快消失。

孩子与同性父母的竞争，也需要父母保持坚定和机智应对。有时候，父亲可能完全没有意识到，自己对儿子的竞争和嫉妒做出的反应，就好像这个小男孩真的是自己的一个竞争对手一样。在这种情况下，我们会看到父亲和小男孩陷入一场争夺地位的拉锯战。不管是父亲还是儿子，都没有意识到斗争的动机之一是孩子在与父亲争夺母亲，而由孩子发起的这场战争在无数个家庭中上演：是看父亲喜欢的电视节目，还是看儿子喜欢的？是尊重父亲享受宁静夜晚的权利，还是同意儿子有在客厅玩超人游戏的权利？对同一件事情，是父亲有决定权还是儿子有决定权？有时候，这种竞争在一些主要问题上甚至更加公开：是父亲还是儿子有权与母亲单独待在一起？往往会在深夜上演这样一出戏：儿子拒绝上床睡觉，或者不愿意待在床上，上床后又频繁地溜下床出现在客厅里。

显然，一个早已在孩子的生活中树立了自己的权威、通情达理同时又坚定而不容置疑的父亲，将不会因为小男孩的竞争而受到严重挑战，小男孩也不会真的能对父亲的权威造成挑战。通常是那些从最开始就成功地挑战了父亲的权威和权利的孩子，才会在这个发展阶段试图严重挑战父亲与母亲的亲密关系。一个通过无数细节，知道自己不可能在与父亲的较量中取胜的孩子、一个知道自己只是个小男孩的孩子，会很容易接受这一事实：他无法在这场与自己所爱的人的较量中获胜。

但是，在理解这一点时要谨慎。我们当然不是说应该威胁孩子，让他在父亲的权威和地位面前感到被动和无助。尽管在重要的问题上，孩子需要接受父亲的权威，但我们要允许孩子有自己的感受，允许他在一定限度内表达这些感受。

孩子的性别认同

一个小男孩不可能成为自己的父亲，但他可以像父亲；一个小女孩不可能取代母亲在父亲的情感中的位置，但通过让自己像母亲可以实现另一种满足。因此，要解决童年早期这种爱的冲突，最好的办法是培养孩子良好的性别认同。童年早期的“失恋”最后会转变成好事，强化男孩的男性气质或女孩的女性气质。

这是怎么发生的呢？由于竞争对手同时也是爱的对象，因此孩子在童年早期与同性父母的竞争就变得很复杂。如果吉米不是那么爱自己的父亲，由他的“坏愿望”所引起的冲突就不会那么强烈了。最终，对父亲的爱胜出，吉米放弃了他的白日梦和与父亲对抗的念头，因为对父亲的爱要比恨强烈得多。而且，对父亲的爱会变成永久的男性气质。我们期待，对父亲的爱会让这个孩子模仿自己的父亲，把父亲当作男性的榜样。

在童年早期，孩子真的会把同性父母当作自己的榜样吗？玛吉只有 30 个月大，她完全是妈妈的翻版。虽然她还说不出一句像样的句子，但却像妈妈一样，在最为常见的聊天中也会用一连串的感叹词。甚至妈妈也承认，当玛吉被别人催得有点着急时，她会像妈妈在同样的情况下所表现的那样发点小脾气。亚瑟还不到 3 岁，当他系上“就像爸爸那样的”领带时，他的嗓音会降低一个音阶。当这个小男子汉在车道上骑着三轮车，并嘟嘟囔囔咒骂着想象中的挡了他的路的那些司机时，你可要忍住笑噢！

孩子对父母的认同在童年早期就已经生根。对父母的模仿早于对父母的认同，并为对父母的认同打下了坚实的基础。在认同过程中，被认同的那一方的某些特质会被认同方接受，并永久地成为后者人格中的一部分。认同包括对另一个人的全部人格特质或特点的吸收和内化，但在这里，为了了解认同是如何促进孩子的健康发展的，我们仅限于讨论性别认同。

在很大程度上，人格的完整是通过接纳一个人的生物自我，即性别，来实现的。当一个人的人格目标与其生物性别协调一致时，这个人的整体人格才有可能最为稳定。如果一个小女孩接纳自己的女性身体和女性命运，对自己的期望与自己的生理发展协调一致，她就不会出现强烈的思想冲突。但是，如果一个小女孩鄙视自己作为女孩的身体，相信在我们的社会文化中女孩低人一等，并渴望追求男性的目标，那么，她的生理发展与自我目标的不协调将导致她的人格冲突。

如果一个小男孩觉得，在他的世界中男性气概不受重视，或者男子汉追求的目标太危险，那么他可能会选择走一条对自己的男性气概没有任何要求的道路。但是，男性的生物事实与自我奋斗再一次地对这一生物事实的否定，这两者间的不协调会导致人格冲突。我们必须记住，自我形象首先源于各种身体形象，而身体的男性特征或女性特征是无法回避的事实。任何试图否认或排斥自己性别特征的人，都会发现自己陷入与生物自我永不停息的斗争之中。

然而，**无论是男孩还是女孩，每个孩子在成长过程中都会经历一个“假装”异性的阶段**。如果我们看到一个3岁的小女孩，戴着帽子，穿着无袖连衣裙和笔挺的衬裙，打扮得很优雅，但她那个天真可爱的手提包里装着一把“自动手枪”，我们不用惊慌失措。我们可能还会发现这个小淑女会试图像男孩子那样站着撒尿，而在另一个时候，她会责怪妈妈在她还没有长好之前就把她“生”了下来。如果一个同龄的小男孩对自己各个方面都很满意，而且长大后想当一名卡车司机，在他宣布自己的肚子中怀了一个宝宝时，我们也不要因此感到震惊，更不必带他去儿童行为辅导诊所。

但是，如果一个学龄儿童仍然表现出对自己性别的强烈反感，我们的看法就会不同了。因为，我们期待孩子在七八岁之前不仅要接受自己是男孩或女孩的事实，而且会通过对同性父母的认同从自己的性别事实之中获得快乐。

成为一个女孩

那个责怪妈妈在自己还没有长好之前就把自己生下来的 3 岁小女孩，当她在今后的几年里，发现作为一名女孩能给自己带来一种特别的满足时，就会很自然地放弃想成为男孩的愿望。当然，知道“有一天”自己也会成为妈妈，自己的身体构造很特殊因此能孕育宝宝，对这个小女孩也很有帮助。但是，这毕竟是“有一天”，对小女孩来说，做一个女孩最大的满足或许就是“能够像妈妈一样”。一位对自己身为女人感到很满足的母亲，不需要依靠语言就能把这种感觉传达给女儿。一位很高兴有个女儿、很珍视女性的父亲，会通过对女儿的爱和对女儿的女性特质的珍视，极大地促进女儿的女性认同过程。那些有意无意地对生女儿感到失望的父亲和想让女儿变成儿子的父亲，肯定会让女儿的发展复杂化。因为女儿会意识到，如果想要父亲真的爱自己，她就必须表现得像个儿子。

但是，**当我们在谈论“女性特质”，以及小女孩是如何形成女性态度时，我们一定要先确定自己所说的真的可以称得上是女性特质。**虽然小女孩对漂亮衣服的喜爱之情常被认为是女性特质（而且这样认为也没错），但这种喜爱并不是具有女性特质的证据。就像精致小巧的手提包里的“自动手枪”，3 岁的小女孩完全可能像 9 岁和 29 岁的女孩那样，用女性服饰隐藏自己的男性态度，以及用其他更为明显的证据来证明女性态度。母亲与处于学龄阶段的女儿之间的和睦关系有利于女儿对女性特质持正面态度。对代表着女性的母亲的积极情感也表明女儿认同自己的女性特质。对男孩没有强烈的敌意，或者对男孩和男人不持有攻击性的态度，是学龄女孩女性特质发展良好的表现。乐于参加女性活动并与其他女孩交往，也会被视为女孩接纳其女性特质的标志。小女孩的白日梦和渴望也能告诉我们她在多大程度上接纳了自己的女性特质。

但是，女性（或男性）特质不是绝对的，女孩也不是在某个发展阶段结束时突然就接纳了自己的女性特质。人格中的女性目标和男性目标之间有许多妥协，这些妥协也不一定造成冲突。丢下洋娃娃、跑出去和小男孩一起玩追逐游戏的小女孩，并不一定存在放弃自己女性特质的危险。回想一下我们儿时的玩伴，有多少假小子长大后都成了贤妻良母？只有当男性倾向在女孩的人格中占主导地位，并且女孩否定自己的女性特质时，我们才有必要担忧这个小女孩未来的发展。

> 我曾认识一个小女孩，她恨与女孩和女人有关的一切事情，并且公开说自己看不起女性。她与自己的弟弟以及邻居家的男孩竞争，并且努力在男孩子的游戏中战胜他们。她讨厌穿裙子、扎头发等女孩的游戏，并且抵制妈妈把她打扮成“淑女”的任何努力。她对男孩的嫉妒和对自己女性性别的贬低是从弟弟出生时开始的，但这并不是决定性的因素，许多小女孩在小时候都有弟弟，她们不会因此而不承认自己的性别。那么，究竟发生了什么事情呢？

在弟弟出生时，她对弟弟有很正常的嫉妒心理。别的小女孩也会这样。她觉得父母更喜欢这个孩子，因为他是男孩，这不一定是真的，但她觉得是这样。于是，她就尽可能让自己像个男孩，希望父母因此会更爱自己。这也是小女孩在弟弟出生后非常典型的一种反应，但大多数小女孩会克服这种失望和嫉妒的情绪，而这个小女孩却没有。所以，决定性的因素不是弟弟的出生，而是她在弟弟出生后，没能找到作为女孩的满足感，仿佛她不相信自己作为女孩能得到父母的爱。

她的父母非常清楚地看到了这种冲突，为了减轻她的痛苦，他们做了善解人意的父母在这个时候能做的一切。但他们没有看到，对弟弟的嫉妒已经严重妨碍了她对身为一个女孩的感受，而且她对女性特质的否定并没有随着时间的推移而改变，实际上变得更加严重。于是，她与母亲、幼儿园老师和整个女性世界的冲突越来越强烈，就像排斥自己的女性特质那样排斥她们，而对父亲和家里的其他男性，她表现得就像个假小子，要求跟他们玩成年男人与小男孩的那些游戏，比如，拳击、击剑和打斗。

因此，这个小女孩把自己当成一个小男孩，认为如果自己是个男孩的话，会更有价值。在对弟弟的出生感到非常嫉妒时，她需要从父母那里得到额外的帮助。父母表示他们仍然爱她、新宝宝不会夺走父母对她的爱，但这些安慰对她来说远远不够，她还需要知道，她是被当作女孩来爱的，不会因为自己行为举止像个男孩就能得到父亲更多的爱。父亲爱的是她的女性特质。她也需要母亲帮助她找到身为女性的快乐和满足感。

就像这对父母一样，父母们很容易卷入孩子内心的冲突中。可以理解，一个邋遢、头发蓬乱、穿牛仔裤、举止粗野的假小子会让母亲感到苦恼，忍不住想要“把她变成一位淑女”，这导致母亲在穿着、行为举止等日常生活中的无数细节上与女儿一再发生冲突。但是，打压女儿对女性特质的抵触并不能培养出淑女。而且，父亲也很容易跟一个假小子嬉闹、玩粗野的游戏，毕竟，这些游戏更接近他自己童年时代的游戏。父亲可能也难以发现女儿这种行为背后的动机。但是，当小女孩发现自己的假小子行为的确能让父亲与自己更亲近，她就会更加缺乏放弃这些行为、去追求女性特质的动力。

我们需要做的是，强化和促进孩子女性的那一面，减少她从假扮男孩中获得的满足感，在最终不与牛仔裤、发型和行为举止等方面发生冲突的情况下，让她因为当个女孩有更大的满足感从而放弃当男孩的念头。

在女孩的女性特质的发展中，母亲是核心人物。正是通过母爱和对母亲的认同，女孩才能形成她自己的女性行为的标准，实现对自己性别的积极认同。

这并不是说，母亲必须尽力去建立与女儿的某种关系；也不需要专门安排时间，母女一起去餐馆、商场、剧院等地方。这些事情偶尔为之很不错（如果确实能给母亲和女儿带来快乐的话），但这些有计划的休闲活动本身并不能建立关系并导致认同。认同是通过爱和模仿被爱的人来实现的，这意味着，不用自己刻意的努力和计划，认同就像爱一样，通过每天在家庭生活中的体验自然而然就会出现。我们鼓励和支持这个过程，但它并非一个正式的指导孩子走向自我认同的课程。

对女孩来说，让她们学会烹饪、知道该怎样给婴儿洗澡、懂得如何给自己化妆和设计发型、掌握科学的性知识不一定会让她们变得更女性化。具备女性特质的这些外在标志很容易，但是，女性特质的象征只有与真正的女性态度相结合时，我们才能将其视为女性发展的积极标志。课堂教育永远不可能塑造出女性气质，女孩的女性气质是母亲的功劳。

成为一个男孩

小男孩怎样树立人格中的男子气概？首先要解决的问题是：我们如何定义男子气概？我曾经认识一个 6 岁的小男孩，他在小区里为非作歹，用棍子和石头攻击邻居家的小孩。在家中，他把闲暇时间都用来模仿超人，像玩杂技一样从钢琴上跳下来；或者疯狂地在各个家具之间飞奔。他粗野、顽固，像是世界上最强悍的人。但是，夜里他却会尿床。

他父母把他带到了我这里来，因为在他们看来，尿床是儿子内心冲突的一种表现。当我们绕开这一点，讨论这个孩子的行为时，无论父亲还是母亲，谁都不觉得孩子的行为“有问题”！爸爸对邻居们的抱怨尤其愤愤不平，他说，小皮特只不过是个真正的小男孩，如果邻居们想把皮特变成个娘儿们，他们一定不会让邻居们得逞。男孩子必须粗野，懂得照顾自己，爸爸早就教过皮特如何为自己而战斗……

但是，皮特的粗野是男子气概的标志吗？他对其他孩子的攻击仅仅是男孩精力过剩的表现吗？他在家里模仿超人只不过是他情绪高昂、受到男子气概的驱使吗？真相是，皮特是一个受到惊吓的小男孩，他攻击其他孩子是因为他害怕被其他孩子攻击。他生活在一个幻想的世界里，经常处于被攻击的危险之中。他对超人滑稽可笑的模仿、那粗鲁野蛮的牛仔游戏是他对想象中的危险的精心防备。如果他是超人，他就不必害怕任何人；如果他是一个硬汉或牛仔英雄，他就能够打败攻击者，让对方害怕他。而在晚上睡着的时候，那些他在白天通过打架和模仿超人而躲避掉的恐惧又回来折磨他了，他是无助的、毫无防备的，于是他就尿床了。

在我们的文化中，男孩如果受到威胁，需要能够“照顾自己”。“攻击性”是男性特质之一，但原始的身体攻击本身并非男子气概的表现。男孩长到了五六岁时，在他的男性价值体系中，身体攻击应该只占很小的一部分。心理健康的孩子能通过游戏和玩耍释放自己的攻击欲望。而且此时，孩子已经能用语言来表达不满，通过思考和交流想法来找到解决问题的办法。

小男孩在形成男性价值观的过程中会遇到许多其他的困难。妇女在很大程度上是文化传承者，母亲是孩子的行为规范和品德的教导者；在培养孩子的才智方面，母亲和学校老师承担了大部分工作，他们负责教孩子欣赏文学、音乐、艺术以及“生活的美好”。这对成长中的男孩有着重要的影响，小男孩主要从母亲那里获得这些价值观，他会把它们视为“女性的”，因此难以把它们整合到其男性人格中。如果一个小男孩很懂礼貌，他就有可能被自己和同龄人视为“娘娘腔”。因为，懂礼貌就是要“像”一个女人或女孩。如果一个男孩勤奋好学，他可能被同伴责怪，他的男子气概也会受到质疑。如果他玩乐器，一定不能玩得太好，也不能让自己全身心投入音乐，要不然他就会遭到朋友们的揶揄和嘲笑。如果他对文学或诗歌有很强的鉴赏能力，他会觉得最好不要让别人知道，就像这是一种见不得人的罪行。

但事实上，不管是男性还是女性，都需要讲文明、懂礼貌。心理活动不分男女；音乐、艺术、诗歌没有性别之分。

不过，实际情况也并非如此简单。因为当母亲和女教师承担起品德教育的职责时，作为女性，她们难以理解自己教导的男孩的天性，就会把许多女孩子的行为标准强加给男孩子，甚至把男孩子与温顺乖巧的同龄女孩作非常不恰当的比较，而男孩更为旺盛的精力和更大的活动量使他们处于非常不利的地位。在某些妈妈和老师看来，女孩不像男孩那么爱惹麻烦、更懂礼貌，而男孩则好动、调皮、任性和“不乖”。

教室里的行为规范通常是根据女孩的特点制定的标准。我难过地想到一个我认识的6岁小男孩，有一次来找我时，他完全被当天发生的事情压垮了。在学校，他因为扰乱课堂而被老师送到了校长办公室。（他精力旺盛的同桌戳他的肋骨，他按照男子汉的光荣传统英勇还击。）他的老师把这种相互之间的回击视为一场即将引发战争的边界冲突，她运用镇压一起大叛乱那么大的力气，严厉斥责这两个男孩违反课堂纪律。当我的这位小朋友提出抗议并陈述情况时，女教师怒不可遏，对他一顿猛烈训斥，并把他送到了校长办公室。在校长办公室里，他被从来不为这种事情烦心的“恶婆娘”教训了一番，因为她认为男孩子都是喜欢高声喧哗、互相推诿、搬弄是非、煽风点火的捣蛋鬼。最后，女校长刻薄地搬出家族荣耀，以此结束了她的训话。她意味深长地说，这个捣蛋鬼的姐姐是学校最优秀的学生之一，也是全校师生都知道的品德楷模。

“女孩从来不会遇到麻烦，”这位小朋友愁眉苦脸地说，“有时候我想，我要是个女孩该多好啊！”

似乎在我们的文化中，男孩应该是什么样的并不十分确定。一方面，我们为男孩树立起亚伯拉罕·林肯和乔治·华盛顿这样的榜样；另一方面，又为他们树立一个暴徒的榜样。一方面，我们把男子气概等同于强硬和暴力；另一方面，我们又把教育男孩的大部分工作交给那些想让男孩像乖巧的小女孩那样听话的妇女。

在这里，我想为小男孩们辩护，因为他们想要在我们的社会中找到自己的位置是那么艰难。但是，我们也需要质疑某些被称为“男子气概”的价值观。一个男孩不会因为他能打败街区里所有的小孩，粗野、从来不哭、从来不对任何事物流露出情感而更具有男子气概。但我们也需要认识到，男孩不是女孩，不能用女人和女孩的行为规范束缚他，他的生理基础使得他倾向于参加更剧烈、更具攻击性的活动。我们可以在教育计划中结合男孩的生理特点，适当地允许他们通过体育活动直接释放自己的精力，通过学习和创造性的活动（这也需要男孩运用攻击能量）间接释放其精力。我们要教导男孩避免用原始方法释放自己的攻击性，比如欺负别人、发脾气、破坏东西和施虐，我们要把他们的这些精力转移到那些升华活动中去。而且，我们永远不要指望根除或彻底逆转男孩的这些倾向，以免男孩为了赢得我们的赞同而变得被动和女性化。

那些积极参与养育儿子的父亲为儿子树立了男性的榜样。与由女性灌输的价值观相比，男孩对把男性灌输的价值观纳入自己的男性人格中则较少抵触，当然，理想情况是父母双方的价值观一致。但是，对于父亲来说，只是与儿子成为“好哥们儿”是不够的。或许，我们有些过分强调父子关系中的这一面。父亲和儿子当然应该有共同的兴趣，共同参加活动。但是，父亲不需要成为儿子的玩伴，而且必须在与儿子的关系中为自己留出一个足够的空间，以便在需要时运用父亲的权威。

我们的社会文化曾一度很难定义“父亲”这个角色。就像欧洲一位敏锐的观察家德·托尔维尔（de Tocqueville）认识到的那样：在一个推翻了君主专制统治、摒弃了欧洲城邦模式的社会中，自发出现的美国家庭生活的变式与美国早期的民主共和制非常接近。美国的父亲们就像美国总统和其他被选举出来的领导人一样，同样会受到挑战和批评。共和国的民众不会屈服于任何权威，尽管他们承认政府权力机关代表民众意愿。

在将民主政府的原则用于家庭时，我们遇到了一些很棘手的困难。孩子不能选择自己的父母，他在家庭这个小社会中，也并非一个能承担责任和发挥作用的公民。父亲不能遵循最受全体选民或者他所效力的政府欢迎的意愿行事，他也不能按照最受孩子欢迎的方式行事，除非他打算失去理智和毕生的积蓄。如果他是一个热心的、民主的父亲，他可能会支持召开家庭会议这一类的事情，但最终很可能变成一场任何一个 5 岁孩子一眼就能识破的、打着民主旗号的骗局。

我们曾以民主的名义让父亲深陷于不合理的、错误的情境之中，我们需要把父亲解救出来。我们依然没有暴君，因为权威并非意味着专制。我所说的这种权威并不需要运用武力，也不需要为了得到权利而运用权力。它是一种合理的、公正的权威（就像是民主社会里的权威一样），父亲可以把它视为特权理直气壮地使用，它的力量源于父母与孩子之间爱的纽带。

爸爸妈妈注意啦！

- 性教育的目的不仅仅是告诉孩子性知识，还要让孩子现在和将来都能接纳自己的身体、性别以及性别角色。
- 直接观察父母的裸体并不能真正满足孩子的好奇心，孩子反而可能因为看到父母的裸体而有一种隐秘的兴奋，并为自己这些反应感到羞愧。
- 我们在处理孩子与性有关的行为时，应该怎么做和怎么说主要取决于孩子的年龄和行为的类型。
- 在女孩的女性特质的发展中，母亲是核心人物。那些积极参与养育儿子的父亲，也为儿子树立了一个男性的榜样。

THE

Magic Years

08

孩子的是非观形成

良知并非与生俱来

之前，我们提到过年幼的孩子如何“建立”良知，我们确定了这样一个事实：两岁的孩子还没有良知。他可能会因为父母的赞成或反对而知道某种行为是“对的”或“错的”，他甚至会因为在淘气时被人发现而感到羞愧，但他还没有形成一个内部控制系统，也就是我们所说的良知。他是否控制自己的某种冲动可能只是取决于他的妈妈是否在场；他会不会对自己的顽皮感到羞愧可能只是取决于淘气行为是否被发现，因此，这种控制在很大程度上仍然依赖于外界力量——父母。

但是，**大约在四五岁的某个时候，孩子的人格中就有了内在控制的迹象。**父母有了一个“代理人”，这个“代理人”用良知为他们工作。由于这个“代理人”是新上任的，因此并非总是能起到作用。有时候，这个“代理人”甚至很容易被收买。他经常在工作时昏昏欲睡，然后，在他清醒之后又出人意料地变成一个彻头彻尾的狂热分子，向可怜的孩子提出很多要求——比父母提出的还要多。父母会惊讶地发现，这个“代理人”有时候比他们还要严厉。那些公正、通情达理、从来不威胁孩子的父母可能会发现，他们的“代理人”正在折磨他们的孩子，并且残忍、野蛮地威胁和惩罚孩子的坏想法或错误行为。

“代理人”刚上任时，会给孩子带来一些焦虑，让他们做更多的噩梦。有时候，父母不得不插手以减轻这个“代理人”给孩子带来的影响。但是，这也会有点儿难，因为这个“代理人”现在不仅仅是父母的代理人，也是孩子自己的代理人了。最奇怪的是，他能从孩子自己的冲动中汲取能量！这很像是悔过自新的罪犯变成最为狂热的反犯罪人士。原始冲动或欲望越强烈，抵触这种欲望的反作用力就越大。这解释了为什么孩子在克服自己不被接受的冲动的第一个阶段，会使用那么严厉的对抗措施，用自己创造的妖怪和幻想中的惩罚来克制自己内心的“坏”欲望。之后，当他的“坏”冲动得到控制时，他就不再需要使用严厉的对抗措施了，他的整个人格也会比以前更为和谐。

从心理健康的角度来看，什么是“好的”、能起作用的良知呢？一个好的良知要能调整和控制人类的本能以适应社会要求，它包括一切道德价值观、理想和行为标准，并为人们提供自我评判和自我批评的可能性。如果它在自我的统治中如同暴君，即便是微不足道的小错误也会被无情地予以禁止、折磨、谴责和惩罚，那么，它就不是一个好的“良知”。如果它很容易被收买，或者像一个在窃贼破门而入时睡着了的门卫；如果它是一个接受反对党贿赂的政府高官，或一个通过做假账来平衡收支的记账员，那它就不是一个好的“良知”。一个好的“良知”，必须在不专横、不欺诈的同时坚决地执行标准；必须能产生与情境相符合的内疚感；必须能为本能提供一定程度的直接满足和各种各样的间接满足。简而言之，一个好的、有效的良知必须像优秀的父母那样！

如果我们对有效的良知这个定义比较满意的话，接下来就让我们来看一看，父母采用什么样的教育方法能帮助孩子形成这样的良知。

管教的含义

“管教”这个词已经变得臭名昭著，但它原本是一个受人尊敬的词。它来源于拉丁文，意思是在学习和教育之间建立联系。词典里对管教的解释仍然保留着与教育有关的含义：“为培养自我控制、良好性格或者秩序和效率而进行的训练。”但通常的用法毁了这个词的名声，导致“管教”现在成了惩罚，尤其是体罚的同义词。

我赞同恢复“管教”这个词古老而高尚的含义，管教是教育和培养。当它用在养育孩子上时，还应该包括品德培养。在讨论管教方法时，我们应该紧贴这个词的真正含义，讨论那些能指导孩子、帮助孩子学习的方法。我并不认为，体罚是一种教育手段和培养孩子自控能力的方法。

培养孩子的自我控制能力其实并没有什么复杂的诀窍。**归根到底，孩子之所以配合所有那些训练自控力的巧计、独家秘方，是因为他希望得到父母的爱和赞同，父母的不赞同会让他感到父母暂时收回了对自己的爱和重视。**很多父母可能会对后面这句话感到震惊，不管孩子做了什么，难道他不应该感到父母“无条件”的爱吗？由于对这一原则的误解，当今儿童教育领域出现了很多困惑，因此让我们仔细审查一下这个想法。当然，一个得不到父母的爱的孩子，因为缺乏健康成长的动机，会出现严重的人格障碍。一个因为自己童年的过错而受到屈辱的孩子，会相信自己没有价值、不可爱，这种自我贬低也会导致心理缺陷，感到自己被社会所抛弃。但我们在这里讨论的不是那些被遗弃的孩子，也不是在说一种让孩子觉得自己被父母所抛弃的管教方式。即便是世界上最被父母疼爱的孩子，在父母不赞同或批评自己时，也会觉得那就像是父母收回了对自己的爱。当他又得到父母的青睐时，他会把这当作重新获得了父母的喜爱和赞赏。因为，孩子天生就如此，这就是孩子感受爱的方式。

如果一个孩子在发脾气踢了父亲之后他感到自己得到的爱，与他在接受父亲讲道理的时候得到的爱“完全一样”，那他有什么动机来控制自己的脾气呢？如果无论他怎样对待父亲，父亲还一如既往地对待他，他为什么要努力进行自我控制呢？而且，父亲在护理自己被踢淤青的小腿时，对孩子的爱真的会与从前“完全一样”吗？或许有那么一天，上帝会制造出这样的模范父亲，但现在还没有。从养育孩子的目的来说，很难想象人类能从这样的父亲那得到什么好处。因为孩子需要知道，父母不会在任何情况下对他的感觉都“完全一样”，否则他就没有动机去努力达到父母为他制定的标准或者约束自己的行为。

但是，深爱孩子的父母在孩子调皮捣蛋时暂时收回对他的喜爱、赞许或赞同，与父母不喜欢或者不爱孩子，只是出于责任而管教孩子的冲动行为，这二者之间有天壤之别。如果父母与孩子之间没有基本的爱的纽带，或者这种爱的纽带被破坏了，父母的不认可或批评只会让孩子确信父母不爱自己，无论自己做什么都不会得到父母的爱。

那么，那些与父母感情很好的正常孩子，因为淘气而受到父母批评之后，他会感觉暂时“失宠”了，自信心也会受到打击。于是，孩子的几种情绪反应融合在一起，就产生了我们所说的“内疚感”。

因为做错事而感到内疚对于孩子学会自我控制必不可少。之后，内疚感会成为一种警报信号，当孩子再次出现淘气的冲动时，他自己就能发出这种信号。当无论大人是否在场，他都能自己发出这种警报信号，这就表明他已经开始形成良知了。再往后，孩子几乎能够自动地产生这些警报信号，以至于冲动在变成行动之前就能被控制住，内心也不会出现任何有意识的斗争。

内疚感对于良知的形成而言不可或缺。但是如今在很多有见识的父母看来，“内疚”已经变成一个贬义词。“有内疚感不是对孩子不好吗？”他们说，“内疚不是会让孩子变得神经质吗？”

在这里，我们要分辨健康人格产生的内疚感与神经质的内疚感之间的差别。这两者的本质区别好比开明君主和暴君！健康的人格会利用这些内疚感阻止人们再次做出不可取的或可耻的行为。但是，神经质的内疚感就像人格内部有一个盖世太保总部，它无情地追捕危险或有潜在危险的想法，以及每一个与这些想法有一丁点儿关系的念头，然后在没完没了的审判中谴责、威胁、折磨当事人，让人们为微不足道的错误、梦中的罪行感到内疚。这种内疚感的副作用是囚禁整个人格。由于与真实事件的联系最终会迷失在这种无休止的审判中，并且对人格的这些荒唐的审讯大多数是无意识的，因此这种内疚感很少会促成建设性的行动和强健人格。

一个在发脾气时一脚踹坏哥哥珍爱的飞机模型的孩子，需要对自己的这种行为感到内疚，如果他之后表现出了懊恼和自责，我们会认为这种内疚感与这种情形是相匹配的。但是，这儿还有一个孩子，他害怕在游戏中传球给别人，不敢发表与别人相反的观点。他不知道自己为什么害怕传球，为什么自己不敢与任何人意见不一致。在这个孩子接受心理治疗的过程中，我们了解到，他害怕如果自己爆发出攻击性，可能真的会伤害到别人。他的良知搜寻每一个与“攻击”有一丁点儿联系的想法，把它们逮捕起来。“传球”被他的良知当作是攻击行为；说出与别人相反的观点也被视为攻击行为。但这个孩子并不知道这些，他只知道自己一定不能传球，不能与别人意见不一致，因为如果这样做了，他就会感到内疚。这样的内疚感就有些过重了，与传球或日常交流这样的情形不相称。

我们需要利用孩子的内疚感来训练他们的自我控制，但敏感又明智的父母知道，绝对不能滥用孩子对父母的爱，引发孩子过强的内疚感，以至于让他害怕自己正常的冲动。或许我们应该在讨论的一开始就指出，在对孩子进行某些方面的训练时，我们不想让孩子产生内疚感。显然，在如厕训练中，我们不想让孩子因为尿裤子之类的小错误而感到内疚；不想让正处于探索阶段的学步儿为自己想要触摸和摆弄生活环境中各种物品这样正常而必要的愿望而感到内疚；也不想让孩子因为触摸生殖器，或者对性表现出正常的好奇心而感到羞愧。

但是，那些乱发脾气、喜欢在幼儿园搞破坏的孩子，向其他小朋友扔石头、危及别人安全的孩子，坚持我行我素、为达到目的不择手段的孩子，在街上玩时故意不遵守父母制定的安全规定的孩子，已经知道偷窃意味着什么但仍然从廉价商店里偷小玩意的孩子，做了某种被禁止的行为、又用撒谎逃避承担责任的孩子……他们都应该为自己的所作所为感到内疚。在以上这些例子以及数以百计的这一类情形中，孩子的内疚感，也就是他自己对这些行为的道德评判，最终将会在不良行为再次出现时，抑制他想要再次做出这种行为的冲动。

为了让这种内疚感为建设性的目的服务，内疚感的程度应该与实际情况相符合，而且不应导致孩子出现自我惩罚和自我折磨的行为或想法，否则会严重地限制自我的正常发展。对于那个朝自己的敌人扔石头的孩子，让他的内疚感达到阻止他扔石头的程度就足够了，而不必让他感到自己像个潜在的杀人犯，也不必让他因为恐惧自己的攻击欲望而否定所有的攻击行为，就像那个连传球也不敢的小男孩那样。由此，我们得出父母在教育孩子时的一个必然的结果：某些时候，孩子需要感到我们的不赞成，但是，如果我们的反应过于强烈，以至于孩子因为自己的过错而感到自己一文不值和被人厌恶，我们就是在滥用父母的权利，会导致这种被夸大的内疚感和自我厌恶影响这个孩子的人格发展。

很多父母一想到要让孩子有内疚感就感到很苦恼，实际上是感到内疚。一位家长提出："让孩子觉得我们不是批评或者不赞成他，而只是批评他的行为，这样难道不是更好吗？"理论上说，如果这么做，孩子就不需要用内疚感来控制自己的行为，但他会避免重复受到批评的行为，因为这个行为会引起父母的不赞成。但这么做，真的有用吗？实际上，每个孩子都知道，当自己的某个不良行为招来父母批评时，自己就失去了父母的宠爱。当朱莉娅往厨房地板上扔鸡蛋时，我们不会指责鸡蛋，说它竟然允许朱莉娅把自己打碎；也不会把批评的矛头指向"摔鸡蛋"这个行为，好像是有个精灵操纵了这个行为似的。我们的批评是针对朱莉娅的，因为她应该对打碎鸡蛋负责。所有的花言巧语都无法改变一个事实——在这一刻我们不赞成朱莉娅的做法。

如果我们不让孩子为自己的行为负责，在处理这种行为时就好像它与孩子无关，那么我们的所作所为就是在给孩子提供一个现成的逃避责任的机会。由于孩子随时都准备把自己那些不受欢迎的行为归咎于想象中的同伴，或者某种超自然的原因，我们这样做就会延续孩子原有的倾向——拒绝承认自己不受欢迎的冲动和行为。孩子必须知道，是他导致了自己的行为，他应该为自己的行为负责。

如今，许多父母一看到孩子懊悔便会自责，他们在对淘气的孩子表达了自己的不赞同之后就急忙愧疚地给孩子一个拥抱和亲吻。在许多家庭里，一些原本应该是孩子感到内疚的情形，却奇怪地颠倒过来了——反而是父母感到内疚。有时候，父母理应为自己对待孩子的行为感到内疚，比如，反应过度、愚蠢地威胁孩子或者不公正地批评孩子。但有时候，父母对孩子的不恰当行为表示的不赞成或批评完全正当，父母也会因为孩子表现出来的内疚感而感到内疚。

不久前，一位聪明而尽责的母亲和我讨论了教养孩子时的内疚感。她不想让自己的孩子因为行为不良而感到内疚。“我小时候就宁愿我妈打我一巴掌，也不愿意我爸不认可我。我爸只是责备地看着我，我就觉得很难受。和我妈在一起时，如果我淘气了，她会迅速地打我一巴掌，然后这事就过去了。”

或许我这位朋友年幼的时候的确更喜欢母亲的巴掌，而不是父亲的责备。但我认为，这位聪明、善良的妈妈身上许多让人敬佩的道德感其实更多地源于她父亲的责备，而不是母亲的巴掌。因为，父亲的责备让这个小女孩感到自己没有让父亲满意。一方面，父亲的责备与小女孩的自责联系在了一起，于是她感到了内疚。这些感受的确让人不舒服，甚至是令人痛苦的，但它们对于孩子良知的形成至关重要。另一方面，“妈妈的巴掌”在孩子内心没有留下任何内疚的痕迹，也没有任何需要孩子处理的痛苦。“我很淘气，我已经为此付出了代价，现在我们两清了，过去一笔勾销。”正如告诉这位女士的那样，乌云散去，但在那之后也没有留下能培养孩子良知的东西。

实施有效的惩罚

父母在养育儿女时会运用很多种惩罚方式，惩罚不能等同于体罚。如果一个孩子因为淘气被剥夺了一项权利，这就是一种惩罚。如果一个孩子因为行为失控而被送回自己的房间，这也是一种惩罚。父母对孩子实施的任何惩罚，无论多么温和，当然都是惩罚；我们在这里讨论的包括所有类型和各种程度的惩罚。

理论上来说，惩罚应该是“给以教训”或“纠正行为”。因此，在研究培养孩子良知的方法时，我们应该逐一审查这些方法，看看孩子能从中学到些什么。

打屁股真的管用吗

我们也许应该先讨论打屁股，因为正是这个话题引发了我们对惩罚的思考。在与父母们的讨论中，这是最难的一个话题。在家长教师联合会（Parent-Teacher Association）的会议上，这个话题引起了听众的不安，每个父母都准备好迎接预料之中的批评。因为，似乎大多数父母有时候都会打孩子屁股，几乎所有打过孩子屁股的父母都对此感到内疚。如果演讲者的态度是反对打孩子的屁股，那么所有打过孩子屁股的父母感觉就像是演讲者正在打他们的屁股一样。我不认为要打父母的屁股，但我也不赞成对孩子进行体罚。

大多数父母都不太相信，打屁股是一种教育孩子的方法，当他们发现在用一种连自己都不相信的手段惩罚孩子时，他们感到很难为情。也有些父母会用以下理由为自己打孩子屁股做辩护，“有时候只能这样做”或者“你得让他们知道你是认真的”，或者“有时候，他们就是想要你打他屁股”，或者“能缓解紧张气氛”，或者“我小时候也被打过屁股，它并没有伤害到我”，但是，当认真去谈论这个话题时，即便是为打孩子辩护的父母也会变得难为情。我猜测，在每个家长的记忆深处，混合了自己童年时被打屁股时的屈辱、无助和因为恐惧而服从的那些感受。那些打孩子的父母无法驱散自己童年时的噩梦，对自己正在对孩子做自己幼年时最愤恨的事情深感不安。

但是，如果我们问任何一个打过孩子屁股的父母：“这管用吗？”我们很可能得到这样的回答：“噢，其实不管用。但总是能管用那么一会儿。”因为，撇开对打孩子这件事的所有感受不谈，即使支持打孩子的人也说不出这种惩罚能教孩子什么东西。这么说吧，最坏的情况是，**打孩子是唯一一种会让父母上瘾的惩罚。这是一种恶性循环，因为孩子从中学不到什么，于是这种犯错和被惩罚的循环便会无休止地延续下去。**

所以，原本想通过打孩子给孩子一点“教训”，但不知何故“教训”无法被整合到孩子的良知中。但是，当孩子下一次又要犯错时，他对惩罚的记忆难道起不到警告的作用吗？当然，有可能会起作用，但当孩子控制顽皮冲动的这种动机源于一种对外界权威和惩罚的恐惧，那么以此为基础的良知就非常不可靠。如果危险信号是由孩子对外部惩罚的恐惧发出的，而不是由孩子自己的内疚感发出的，孩子就会有很多的借口。他可能只需要确定自己淘气不被发现就行了；或者，在权衡“快乐–痛苦”的风险之后，他决定先做了再说，哪怕以后会为之付出代价。与那些控制系统属于“外部”的孩子不同，有良知的孩子不需要身边有位警察来控制自己的行为，因为他们的心中有位“警察”。

孩子可能会从挨打中学到其他很多东西，但其中没有一样是父母希望孩子学到的。通过形成一个用接受惩罚来抵消罪过的循环，孩子有可能成功地学会如何避免为自己的不良行为感到内疚，在为自己的不良行为付出挨打的代价后，他就可以毫无愧疚地重复这样的行为。有些孩子有一个精心设计的账本，当他们在“罪过”一栏欠下的账目累积到一定数量时，就会通过挨打在“惩罚”一栏定期还清。账目平衡之后，这种孩子又会重新开始欠账。“有时他们就是在找打！”为打孩子做辩护的父母这样说。这本身就是对父母的一个警告。那些想尽办法激怒父母来打自己的孩子，私下在自己账本上“罪行”那一栏欠下了债务，想通过让父母打自己把债务一笔勾销，因此，对这样的孩子恰恰不能打！

我想起一个叫弗雷迪的6岁小男孩，他从街角的售报亭里偷硬币，偶尔他会给在他偷窃时机灵地帮他放哨的同学分一点儿午餐费。当弗雷迪最终被抓住时，他承认了几个月以来的大部分偷窃行为，但他对整个事情显得非常平静。父母为弗雷迪对偷窃行为没有内疚而感到焦虑，就好像是他们自己偷了钱一样。弗雷迪是怎样毫无内疚感地偷窃的呢？因为在间歇性的偷窃冒险行为中，他在家里并没有表现出不安或焦虑。相反，他比平时更有攻击性，他找哥哥的茬儿，持续不断地用一些让人恼火的小伎俩或者用这样那样的违拗、倔强的行为来激怒父亲，最后换来了一顿打——一顿他渴望已久的打。直到后来，弗雷迪的父母接受了我的建议，不再打他，而是用别的方法来帮助他，弗雷迪才开始为自己的不良行为感到内疚，并最终掌握了控制自己行为的方法。

尽管可以认为弗雷迪有轻度违法行为，但很多没有违法行为的孩子，由于父母主要通过打来管教他们，他们也学会了用记账的方式对待自己的不良行为。他们就像弗雷迪那样，依靠大人的打来减轻自己的内疚感。一位父亲说："那个小家伙不知道怎么回事，他在一件小事上会越来越固执，一门心思只要这个东西。当我最后发脾气打了他一巴掌，他就平静下来了，虽然他和我的关系最好，但当他陷入这种情绪时，只有这样对他才管用。"当这位父亲向我描述这种情形时，在我们看来，这是在为自己打孩子辩护。但是，用明显"就是找打"的方式招引父母惩罚自己的孩子，是在利用挨打抵消自己在账簿上欠下的内疚感。孩子或许不知道，他体验到的是一种难以抗拒的想要接受惩罚的强烈愿望。那些发现孩子在请求这种挨打惩罚的父母不应该配合孩子。如果父母能找出原因，终止孩子这种自我惩罚的行为，情况会好很多。

许多成年人可能会强烈反对我说的这种情形。"我小时候就被打过屁股，"一位母亲说，"但我并没有因为挨打而有一个不可靠的良心。"即便这位母亲碰巧说对了，她的话也不能用来为打孩子做辩护。因为她的良知是通过对父母强烈的爱而获得的。我们可以假设，是因为孩子与父母之间情感联结的根基牢固，所以打孩子并没有破坏亲子关系，也没有阻碍孩子获得道德感。但是，我们不能把孩子能获得有效的道德感归功于父母打孩子。可以这样说：如果亲子关系比较稳健，打孩子可能不会妨碍孩子道德感的发展，但也不会促进孩子道德感的发展。

虽然我万分同情父母在生活中所经历的烦恼，也非常理解一位好家长迫于无奈，可能会用他自己并不信奉的方式惩罚孩子，但我仍然认为和打孩子相比，还有更好、更有效的方法教孩子学会自我控制。当父母们理解了这些方法，并能在管教孩子时加以运用，他们就不必因为无可奈何而使用武力。

什么才是合理的惩罚

但是，父母对孩子的所有惩罚方式都与打孩子一样应该被禁止吗？不，我认为在养育孩子时需要一定的惩罚。**有些类型的惩罚可以传授孩子道德观和社会价值观，也可以称得上是道德教育。**让我们来看看那些在养儿育女时普遍使用的一些惩罚办法。

对于父母或老师来说，在孩子做出某些不被允许的行为之后，有时候很有必要剥夺他的某种特权。这种惩罚包含一个基本的原则：惩罚不是，也不应该是教育者对孩子的报复或反击。如果这种惩罚是为了教育孩子，那它必须是因为孩子的不当行为而导致的合理的、必然的后果。让我们来举一个简单的例子：

> 6 岁的玛格丽特正处于某种不可理喻的情绪之中。这是星期天的下午，她想和爸爸、妈妈、妹妹一起去公园玩，但外面快下雨了，似乎最好还是待在家里。妈妈试图让她用画画来打发时间，然后又让她给洋娃娃缝衣服，之后又让她剪一些图片贴在她的剪贴簿上。通常，这些活动都能吸引玛格丽特，但今天没有一样能让她有兴趣。她变得越来越烦躁，不停地发牢骚。她嘲笑妹妹，还抢妹妹手里的玩具。当父亲看自己喜欢的电视节目时，她试图关掉电视机。然后，她用刺耳的声音大声唱歌，想压住电视节目的声音。在遭到责备之

后，她的牢骚更多了，还变本加厉，想出各种新方法来激惹父母、捉弄妹妹，吵得客厅乱哄哄的。最后，父亲严厉地对她说，她必须离开客厅回自己房间去，当她觉得能够控制自己时才可以再回来与大家待在一起。

在这里，惩罚的教育目标摆在了玛格丽特的面前：如果她不能控制自己的行为、一定要骚扰大家的话，她就必须暂时离开家庭活动。作为一种惩罚，这对于玛格丽特的行为来说，是一个合理、必然的结果。这实际上是在告诉玛格丽特："我们不能让你违拗、固执的行为打扰全家（不管这种行为有什么样的深层含义），我们要求你必须回自己的房间，直到你觉得自己可以再次成为一名理智的家庭成员，我们才欢迎你回来和我们待在一起。"6 岁的玛格丽特不会看不出其中的逻辑，而这种惩罚的公正性也应该显而易见，至少在她平静下来之后是这样。

但是，现在让我们假设父亲改变了这个惩罚。他说："现在，你回自己的房间，到吃晚饭时才准出来（假设此时是下午三点）。"这样的话，玛格丽特将不得不在自己的房间里煎熬 3 小时。在这 3 小时里，她可能会把全部的心思都用来想象如何复仇，而不是懊恼自己刚才那幼稚的行为。这样，她从惩罚中就学不到什么东西。我们很容易从中得出一个原则：如果惩罚力度过大，超过了孩子能够忍受的范围，惩罚就毫无益处，只会加深孩子觉得自己受到不公正对待的感觉，并会引起敌意和报复情绪。没有哪个孩子能从这种极端的"驱逐"中获益。对于大多数孩子来说，要保持自己因为骚扰家人的安宁而产生的内疚感，或者只是记住自己为什么被驱逐，半小时都太长了。所以，玛格丽特的父亲给玛格丽特保留了一定程度上的控制权——在她感到能够控制自己时，就可以回来与家人待在一起。这意味着，她可能要在自己的房间里待 5 分钟、10 分钟或者更长的时间，无论多久，都取决于她在这种情况下让自己冷静下来所需要的时间。

让我们来看看，处理这个"周日下午的危机"的其他几种可能性。假设在玛格丽特闹情绪时，父母试图跟她讲道理，或者他们试图刨根究底，要搞清楚什么事情让玛格丽特这样烦躁，以至于行为如此不理智。只要有可能，父母当然需要去找出原因并跟孩子讲道理。但问题是，当一个孩子非常失控时，他没有足够的理智来自己澄清误解，或者评估自己的不理智行为。很多好心的父母觉得，对于孩子的任何对抗都应该讲道理。我们都曾见过家里上演这样一幕：父母在面对一个尖声喊叫或者极为固执的孩子时，理智地分析他的行为。但我认为，跟孩子讲道理最好等到他发完脾气，至少恢复了一部分的理智之后。拿玛格丽特来说，等她平静之后，能够审视自己的行为时，再与她谈谈她的行为可能比较恰当。如果父母与孩子之间的这种谈话不是一再重复批评孩子的错误，也不是去重新掀起一番争吵的话，那么也能起到教孩子学会自我控制的作用。因为当孩子能够用理性分析自己的不理智行为时，他就已经向控制自己的不理智行为迈出了一大步。

想象一下玛格丽特的父亲还会用的其他惩罚方式。假设玛格丽特对自己的新自行车引以为傲，而父亲也知道她有多么喜欢这辆自行车，便决定剥夺玛格丽特这几天骑自行车的权利，以此来惩罚她的行为。一方面，盛怒之下，很多父母会不假思索地抓住一项孩子最在意的权利，把剥夺这项权利作为对孩子的惩罚。但是，经过再三考虑我们就会发现，剥夺玛格丽特骑自行车的权利与她星期日下午的表现之间并没有逻辑关系。在孩子看来，这像是一种报复行为，而不是自己行为不当导致的合理后果。孩子从这种惩罚中学不到任何东西，反而会加深受到不公正对待的感觉，导致他很快就抹去自己为何招致这种惩罚的记忆。另一方面，如果玛格丽特骑自行车无视父母的安全规定，那么就有理由剥夺她一两天或两三天骑自行车的权利。我们的批评也针对无论孩子犯什么错，都一律剥夺他看电视的权利的情况，这是当今深受父母喜爱的一种惩罚方式。尽管许多父母声称在自己家里这种管教方法很管用，但不加区别地运用这种方法，教不会孩子任何东西，这只不过成为父母手中的一个武器而已。如果我们在管教孩子时，遵循让孩子获益的这一原则，那么，只有在孩子出现了与看电视相关的过错或者看电视过多时，才会剥夺他看电视的权利。

在事件与观念之间建立逻辑关系能够让各种学习更加有效。这就是为什么惩罚要想有效并且能教给孩子东西，必须使其与发生事件建立起逻辑关系的原因。在孩子的理性思考能力占据主导地位，超越了他的魔法性思维时，孩子也想看到自己的行为与后果之间的逻辑关系。

我的朋友安在5岁时，尖锐地指出幼儿园老师的某个管教行为缺乏逻辑。几天以来，安的母亲注意到，自己的女儿是个满腔热忱的小画家，却没有把在幼儿园里画的画带回来，贴在家里的布告栏里。当母亲问她原因时，安拐弯抹角地回答说她什么也没有画。几天之后的一个下午，母亲找了个机会与幼儿园老师聊了会儿。老师告诉她，安有好几天没画画了。因为在午睡时说话，安被罚不准画画。老师每天都警告安，如果她在午睡时说话，就不允许她在课堂上画画，尽管如此，安还是每天午睡时说话。正在聊的时候，安出现了，老师叫她过来一起谈谈这件事。“好吧，”安一针见血地说，“我看不出来午睡时讲话与画画之间有什么关系。”“那么，好吧，”老师大吃一惊，“如果你有个小女孩，她老是在午睡时说话，你会怎么办？”“嗯，”安说，“我会叫她到别的地方去睡觉，或者让她离开房间。”

对于安来说，如果她打扰了其他小伙伴们午睡，把她与小伙伴们分开作为对她的惩罚才更有道理。但是，剥夺她画画的权利，不仅不合逻辑，也不公平。出于怨恨和对自己没有被公正对待的愤怒，安就一直在午睡时说话，即使她知道会面临什么样的惩罚。

其他的惩罚方法

但是，也有一些时候，合理的惩罚并非最好的惩罚或者最正确的惩罚。

当南希7岁时，她得到了自己的第一张公共图书馆借书卡，但离她家最近的图书馆分馆在3公里外，她为了借书每个星期都要长途跋涉到那里一两次。她非常热爱读书，到图书馆借书是她生活中最有意思的一件事情。但是，她很快就忘记了还书，因此，有时候图书馆的罚款单会增加。最后，南希的父亲终于对她这种不负责任的行为生气了，在多次警告无效之后，将南希的借书卡被没收了一个月。

此时，这个惩罚“符合逻辑”，但却很糟糕。首先，这个惩罚很过分，而且有些极端。的确，父母需要处理孩子粗心和不负责任的行为，但不及时还书也算不上罪大恶极，犯不着用最极端的惩罚。（对于一个酷爱读书的孩子来说，这就像被流放到了西伯利亚。）首先，原则上来说，任何长达一个月的惩罚对于 7 岁的孩子来说都太长了。其次，父亲对南希的这种惩罚方式与教育目标背道而驰。孩子能从阅读中获得乐趣是他早期智力发展良好的最为积极的信号之一。如果剥夺了她阅读的权利，把她新发现的这个世界变成“责任”获胜的战场；如果与意志、惩罚和道德有关的争论和较量都源于这个新世界，我们可能很快就会发现，南希从读书中获得的乐趣将会减少。而且，去图书馆的那 3 公里路程对这个小姑娘来说似乎也太远了。就这样，“符合逻辑”的惩罚变得有些荒谬了。

大多数 7 岁的孩子都无法为还书这样的细枝末节承担全部责任，他们需要有人提醒。监督幼儿（有时也包括年龄大点儿的孩子）还书是父母的日常职责之一。如果孩子的年龄比南希大点儿，而且他手里有零花钱，我们可以要求孩子用自己的零花钱来支付图书馆的罚款，这样让孩子对还书更负责就没那么难了。另外，一个七八岁的孩子因为忘记还书而缴的罚款数额真的很少，即便一个月高达 50 美分，你还能找到比这更便宜的事情吗？还有一些情况也会让符合逻辑的惩罚变成糟糕的惩罚。

5 岁的拉里经常在家人吃饭时捣乱。他要么用最让人倒胃口的方式玩食物，要么向哥哥扔豌豆，要么制造噪声、假扮小丑，要么用各种各样的其他方式让自己在饭桌上不受欢迎。有好几次，父亲命令他离开饭桌，把他送回到他的房间，不准他吃饭。于是，拉里会愤怒地跺着脚离开，在自己的房间里生几小时的闷气，密谋着如何报复，而不是从这个严厉的惩罚中吸取教训。这个惩罚错在哪里呢？

食物对我们所有人来说都有非常复杂的象征意义，它触及人们的心灵深处。如果我们的惩罚牵扯到了食物，就可能引发孩子心理上的连锁反应，给他带来的感受超过我们在当时所能预料的。即便孩子在被惩罚时并不是真的很饿，但不让他吃饭的象征意义会使他愤怒，他甚至会把父母想象成一个让年幼的孩子挨饿的妖怪。父母希望达到的教育目的就完全落空了。

如果一个孩子吃饭时的行为让人无法忍受，就像拉里那样，大人可以警告他，如果他不能控制自己的话，就必须到另外一个房间独自用餐。如果他仍然我行我素，就应该立即执行这个惩罚。这是孩子在吃饭时捣乱的一个必然结果，不会让他产生控诉不准自己吃饭的愤怒。实际上，我们这是在说："如果你不能和大家在一起好好吃饭，今晚就不让你和我们一起吃。"这个惩罚强调的是全家人一起吃饭的社交意义，这是比不许孩子吃饭更符合逻辑、更合理的惩罚。

"但是，"一位母亲说，"我真的不认为我那个 5 岁的孩子会在意自己一个人吃饭！"对于这种情况，我们需要再找找其他原因。如果孩子不觉得和家人一起吃饭很快乐的话，剥夺和家人一起吃饭的权利对他而言当然就没有任何意义。在这种情况下，这个家庭最好先回顾一下家里吃饭时的气氛。如果在饭桌上，家庭关系容易变得紧张、父母劳累、易怒、对小孩子们说的话没什么兴趣，以前有关吃或不吃的冲突总在饭桌上重演，那么，玩吃的东西可能是孩子缓解自己紧张情绪的一种方式。那么，要做的不是惩罚孩子，而是改善导致孩子做出这些行为的情形。

最为有效的惩罚，是那些通过让孩子看到不良行为的必然后果从而吸取教训的惩罚。同时，一个惩罚无论多么"符合逻辑"，如果过于严厉，超过了孩子的忍受能力，或者掩盖了其他更重要的教育目标，也起不到教育的作用。原则上来说，一个惩罚无论多么温和，如果持续时间太长的话，也会完全失去教育效果。孩子违反安全规定便剥夺他骑自行车的权利，这可能是一个很温和的惩罚。但是，如果孩子还很小，而惩罚持续好几天，那么，最终我们可能会看到一个充满敌意的孩子，而不是一个愧疚的孩子。如果要求一个八九岁的孩子从自己每周 35 美分的零花钱里拿出一部分赔偿被打碎的窗玻璃，那么，在随后的许多个星期甚至好几个月里，他都要一直还债。不久之后，他甚至会想不起来为什么要从他的零花钱里扣钱了。一个因为行为不良而失宠的孩子可能会在随后的一小时里感到内疚和悔恨，但是，如果父母的冷淡态度持续好几个小时，孩子只会感到愤怒。

有时候，父母最聪明的做法恰恰是根本不惩罚孩子。看看下面这个例子：

父母已经多次警告 4 岁的乔治，在和小朋友打架时一定不能用石头砸人。但意外还是发生了。乔治在和他的朋友萨姆打架时，捡起一块尖利的石头砸在了萨姆眼睛的上方。乔治目睹了血从萨姆脸上流下来那可怕的一幕。萨姆妈妈听见萨姆大哭立刻赶了过来，叫了救护车把他送往医院。萨姆的伤口很深，必须缝合。乔治充分认识到，如果再往下一厘米，萨姆的这只眼睛可能就会失明。乔治对自己的所作所为以及可能发生的后果深感恐惧和内疚。乔治的父母应该惩罚乔治吗？

没有必要再教训他一顿了，乔治已经看到自己行为所导致的惨剧，他的罪恶感对他的惩罚已经足够了。而且，我们也不希望通过父母的惩罚来减轻他的内疚感。让他完全被自己的内疚感所影响，这样会更好。

在分析完这些惩罚孩子的办法及其对良知形成的作用之后，我们绕了一圈又回到起点。总之，管教方法是否有用取决于基本的亲子关系。如果父母说：“什么办法对我的孩子都没用，他想干什么就干什么！”那么，问题的关键不在于找到一些更富有想象力的管教方法，而是要考察父母与孩子的关系。如果父母发现自己在管教孩子时简直是束手无策，那么最好坐下来想一想什么地方出了差错，是什么在破坏亲子关系。有时候，新宝宝的出生，孩子进入发展的新阶段或者换了一个新环境，比如上了幼儿园或学前班，这些都会暂时牵动亲子关系。如果某个孩子在很长的一段时间里都有管教问题，不仅父母自己必须重新考虑整个情况，而且还需要请教相关的专业人士。惩罚不是解决问题的办法。

道德价值观的获得

还有一种道德教育，不像其他道德教育那样需要处理孩子的外显行为问题，就能把父母的态度传达给孩子。虽然孩子会从父母对自己外显行为的反应中了解到父母的态度，但大量的教育工作，通过孩子日复一日地与自己深爱的父母相处就可以完成。与只是惩戒孩子的说谎行为相比，父母自己作为诚实的榜样更有助于培养孩子的诚实品质；与父母向慈善机构捐款相比，孩子更乐于吸收父母对待弱者、残疾人、不幸的人的态度；父母对杀人犯或践踏社会文明的人的强烈反感也比冗长的说教更有说服力。

现在的父母对于自己在引导孩子道德发展中的作用似乎不太确定。这部分是因为他们不赞同先辈们在道德教育中使用的恐吓方法。父母不想通过威胁、夸张的恐吓和可怕的警告传授孩子道德观，他们好像害怕在孩子面前表现出任何道德上的立场，似乎那样做会让孩子产生过度的内疚感。这意味着，很多坚决反对撒谎、偷窃、谋杀和破坏行为的父母无法把自己的道德观以一种深刻而严肃的方式传达给孩子。即便孩子到了应该具备道德价值观的年龄，父母们仍然一再容忍他在品行上的过错，甚至是缺乏道德原则的行为。

我想起一个 6 岁的小男孩，他愉快地向我承认，他和小伙伴从小商店里偷东西。这是他们玩的一种游戏，这些孩子中没有一个人需要或者想要偷来的东西。我问这位小朋友，他的父母是否知道他偷东西。他说，有一两次他拿东西回家后被妈妈发现了。“她说了什么呢？”“她说这样做不好，你不应该再这样做！”我脑海里立刻浮现出这位母亲的形象：一个非常和蔼的女人，她自己根本做不出不诚实的事情。她竭尽全力地做“一位通情达理的母亲”“一个不惩罚孩子的母亲”，因为她害怕向孩子表达自己的真实感受，其实她这么做完全是徒劳无益。后来，我与这位母亲谈了谈，我问她，当孩子把偷来的东西带回家里时，她是什么感觉呢？这位母亲说：“坦率地说，我感到很可怕。我对孩子很失望，对自己也很失望。我所能做的就是尽量冷静地和他谈谈这件事。”“你告诉孩子你的感受了吗？还有你对他多么失望吗？”“哦！没有！”这位母亲说，而且对于自己能这么客观和通情达理感到很自豪，“毕竟从小商店里偷东西这事没那么严重。所有小孩子不都要经历这个阶段吗？”

当然，从小商店里偷东西并非罪大恶极。再说，可能每个孩子都有过偷东西的经历。这个孩子不是少年犯，也没有严重的心理障碍，因此我们没必要特别关注他的行为。但是，如果父母不把自己对偷窃的道德立场告诉孩子，而只是像孩子违反餐桌礼仪时那样，轻描淡写地予以告诫，那么，这个孩子如何才能形成对偷窃行为的道德判断，以阻止他以后再偷窃呢？有些父母拿警察要抓他、关进拘留所或引来地狱之火来威胁孩子，让这个犯错的小家伙觉得自己是一个危险的罪犯，这样也是不对的。我们不用这些残酷的方法也能教孩子形成正确的道德态度。对于那些与孩子感情很好的父母来说，表达出他们对有过偷窃行为的孩子的失望和深深的担忧就足够了。当然，这种方式不适合那些无法控制自己脾气的父母，以及那些相信孩子从小商店里偷东西就预示着长大后会成为职业罪犯的父母。这些父母最好不要把自己的道德焦虑直接向孩子表达出来。

父母在孩子道德教育上的犹豫不决，从他们对电视、电影和漫画书中的犯罪和恐怖内容的态度上也有所表现。大多数父母都强烈反对这些东西，但有些父母却把这些当作一种让孩子释放攻击性的无害方式。但是，即便是强烈反对这些东西的父母，也很少有人愿意对孩子的观点和阅读品位表明自己的立场——这实际上是一个道德立场。因此，至少可以这么说，一个被这些谋杀、暴力和施虐故事影响的孩子，会学到一套与父母的期望不一致的价值观。

那些沉溺于电视和漫画书的孩子很难发现自己身处的社会对人的生命的敬畏。如果枪声从下午4点到晚上睡觉前一直冲击着耳膜；如果在受伤者的尖叫声中响起导演愉快的声音；如果临终者的咽气声中伴随着丰盛的早餐，谁还能感到死亡的不幸呢？即便在这一片嘈杂中，父母的声音仍然能被听到，它也很难与这种荧屏教育竞争。

但是，孩子往往根本听不到父母的声音。因为尽管大多数父母厌恶这些故事，但他们对此表示容忍。尽管他们会坚持自己的价值观，并用它们来指导自己的生活，但不反对孩子在自己的小客厅里，用充斥着低俗、暴力信息的电视节目娱乐自己，并接受这些节目的影响。我的意思并不是说这些节目是在培养少年犯，而是在这些故事中，人的价值被贬低了，而且由于这些故事内容和主题没完没了地重复，也损害了孩子的思维能力。

不久前，在林肯诞辰纪念日，林肯生命中最后几年的故事被搬上了电视荧屏。我认识的好几个孩子都看过这部电视剧，他们对它褒贬不一。对于现在的孩子来说，亚伯拉罕·林肯并非一位文化英雄。他的生活非常枯燥乏味，也没有什么杀死过狗熊的英勇事迹，这个害羞、谦逊的男人的所作所为没有给那几个孩子留下多少印象。实际上，在我看来，林肯的羞涩、笨拙使得他的英雄形象在现在的孩子眼里显得颇为难堪。在他们看来，羞涩是最致命的“罪行”之一——因为要是那样不合群和超前的话，肯定不会受其他人欢迎。在我了解了这些之后，我对那些说自己看过林肯电视剧的孩子所表现出的狂热感到很惊讶。但听了他们的看法之后，我开始理解了。

你知道，当林肯总统在剧院看戏时，有个叫布斯的家伙朝林肯总统开了一枪，然后逃跑了。这是美国有史以来最大的一桩谋杀案，也是一个真实的故事。这个叫布斯的家伙向总统开枪时表现出来的胆量让电视机前最愤世嫉俗、厌倦了犯罪故事的青少年观众肃然起敬。当然，联邦调查局最终找到并逮捕了这个家伙。我问一个

8岁的小家伙，当总统被刺杀时他有什么感觉。“哦，如果你是总统，这事就不可避免，”他很有哲理地说，“所以，我才不想当总统。”

这些小朋友当中，没有一个人把这件事看成是一桩悲剧，也没有一个孩子说自己为这样一位伟人被谋杀感到悲伤，甚至也没有孩子表现出愤怒。这些孩子并非麻木不仁，可是他们怎么都错误地理解了这个电视剧的主题呢？我觉得他们是用多年来从“犯罪故事”中形成的刻板印象来看这部电视剧的。凶杀电视剧和电影的编剧、漫画书作者既没有想象力，也没有时间赋予谋杀案中的受害者一个活生生的个性或有意义的生命。出于所有的现实目的，受害者在被杀之前就只是一具“尸体”。由于他的生命对于观众来说没有意义，他的死也就不重要了。我们的小朋友从来都没有机会去关心谋杀案中的受害者，为某个人被残忍地杀害而感到痛苦、悲伤或不幸，即使这个人物是虚构的。由于从千篇一律的谋杀故事中，孩子们从来没有或者很少能获得这种体验，他们就无法对林肯被害这样的悲剧做出反应。

我把孩子所看的电视节目和漫画书当作他们的道德环境的一部分，但我不是说是这些东西导致了孩子缺乏道德感或者犯罪，粗制滥造的故事难以完成这样的“壮举”，而是说，孩子是否缺乏道德教育主要源于亲子关系的好坏。道德的培养也依赖于想象力。如果故事世界能让孩子通过想象体验无限的可能性，加深他对人性和人类处境的理解，他的道德感也会被深化。但是，电视和漫画故事把人类的问题简化成某种固定的模式，这样会限制了孩子的想象力，同时也抑制了他们的道德发展。

我们不要误以为，童话也是简单俗套的故事，对孩子理解人性毫无帮助。很明显，童话世界是一个虚构的世界，却从不试图取代现实或人类世界。孩子是在这个基础上接受童话故事的。在四五岁之后，他们就不会从这个幻想世界中获得任何有关现实世界中人们的行为的线索了，因为“它不可能发生”“它只是假装的”。但是，电视节目和漫画书却试图把想象的世界做得像真正的、现实的世界那样。比如，哪怕是在表现外太空里发生的、完全是想象出来的场景时也用一些设备让它“真实”起来，这让孩子更难把这些事情与现实世界区分开。

由于所有这些原因，我认为，我们需要严肃对待电视、电影和漫画书这些娱乐方式对孩子教育带来的影响。如果我们是有责任心和道德感的父母，我们早已花了好几年的时间教孩子如何看待原始的攻击行为；我们一直认为孩子必须放弃以破坏为乐，并对施虐报以反感；但是，当杀戮和暴力成为孩子的娱乐项目时，我们怎么能帮助他放弃以破坏为乐的想法或举动呢？

许多父母认为，这些娱乐能帮助孩子释放攻击冲动，这个观点起源于对攻击在人格发展中的作用的错误认识。虽然，即使没有电视和漫画书提供的幻想世界的“帮助”，孩子也会有攻击冲动和攻击妄想，但我们并不是必须给他们提供一个能够持续地释放这些冲动的渠道。正如我们在之前的讨论中所说的那样，用原始的“冲动 – 发泄”方式释放攻击性无益于人格的发展。我们的任务就是缓解孩子的这些攻击性冲动，为它们提供间接满足，设定符合社会价值观的目标。有相当一部分攻击性冲动的能量会转向学习、创造性工作和实现个人目标。我们可以看到原始的身体攻击在服务于更为高级的社会目标时，经历了如此巨大的修正，以至于我们简直难以把它们视为“攻击”。可以这么说，我们给孩子提供的发泄攻击性的原始方法越多，他就越不可能调整和升华自己的攻击性。

如果我们严肃地对待孩子的教育问题，就必须承认有些事情很荒唐，我们为孩子争取更好的学校、老师、图书馆和博物馆，甚至要求厂家生产有助于孩子学习的早餐。所以，那些在教育问题上有自己偏好的父母应该理直气壮地对商业化教育进行同样的监督，就像他们对孩子教育的其他部分所做的那样。他们应该监督电视节目、广播、电影和漫画书，很有必要进行某种形式的审查，费点劲去熟悉它们的内容，并根据自己的判断决定是否允许孩子观看某个节目或阅读某本漫画。

我知道很多父母一想到要审查便会大惊失色，他们觉得以这种方式限制自己的孩子很不公平,他们在与孩子争辩时会退缩。“可苏茜的妈妈允许苏茜看，而且吉米想买什么漫画书都行。”犹豫不决的父母经常会被这些想法说服:“究竟为什么不能呢？”“我的孩子为什么要与别人不一样？”我会用临床实践支持那些能承受这样争论的父母。我从来没有遇到过哪个孩子，因为父母对他收看的电视节目和阅读的书籍进行坚定而恰当的审查和监督而破坏了良好的亲子关系。正好相反，与父母关系良好的孩子通常会把这种监督视为父母的权利。此外，如果孩子由于无权观看暴徒用枪扫射银行职员的电视剧，或无法分享描绘各种残酷折磨的漫画书所带来的刺激，而觉得自己与小伙伴们“不一样”，父母也不必因此而烦恼。这种“不一样”孩子是可以承受的，它不会给孩子的心灵留下伤疤，而整个人类却可能因此而获益。

孩子有感受痛苦和表达愤怒的权利

不久前的一天早上，我接到一个朋友的电话——她是一个5岁男孩的母亲。“我这会儿在楼上给你打的电话，”她低声说，“所以格雷格听不见。”她停顿了一下，“欧内斯特今天早晨死了！我该怎么对格雷格说？”“太糟糕了！”我说,“不过,欧内斯特是谁？”“欧内斯特是格雷格养的一只小仓鼠！”她说，“格雷格会很伤心的，我不知道该怎么跟他说。比尔今晚下班回家时，会去宠物店里再买一只仓鼠，可我就是不敢告诉格雷格。请你告诉我，我该怎么跟他说。”“为什么不告诉他，他的小仓鼠死了呢？”我说。“死了？”我的朋友被我这个直白的建议吓坏了。“我想知道，我该怎么把这个坏消息婉转地告诉他，免得他为此感到痛苦！告诉他欧内斯特去天堂了，这么说可以吗？”“只要你相信欧内斯特是去天堂了就可以。”我尽量以在咨询室里的语气说道。“噢，别说了！”我朋友恳求着，“这事很严重。我不是说那只仓鼠。我的意思是，这是格雷格第一次经历死亡，我不想他受到伤害。”

“是啊，”我说，“不过，我们有什么权利剥夺格雷格的感受呢？为什么他没有权利为自己宠物的死亡感到悲伤呢？为什么他不能哭呢？为什么他不能发现死亡是一种结束，不能感受欧内斯特再也不会出现时所带来的所有痛苦呢？”“可他只是个孩子！”我的朋友说，“他怎么可能知道死亡意味着什么呢？”“但这不正是个机会，可以让他知道死亡意味着什么吗？还有什么比像这样失去自己心爱的东西更能让我们了解死亡的呢？”

接着我们就争论起来，我的朋友不想让她的儿子感受死亡，而我为格雷格争取感受死亡的权利。我告诉她，如果我们让格雷格充分地感受他需要感受的一切，他就能更好地面对他的宠物的死亡。我想我最终说服了她。

在我们努力保护孩子免于痛苦时，我们可能就剥夺了他适应痛苦经历的最佳机会。悲痛，即便是为一只死去的小仓鼠感到悲痛，对于克服死亡造成的痛苦也是必不可少的。如果不允许孩子感受宠物的死亡或其他更重大的损失所带来的悲痛，孩子就不得不退回去使用更原始的方法进行防御，比如，否认死亡带来的痛苦，对损失感觉无所谓。如果一直用这种方法养育孩子，孩子就会变成一个内心贫瘠的人，缺乏丰富而深厚的情感生活。我们需要尊重孩子的权利，允许他们充分和深刻地体验失去。这也意味着，我们不应当急忙掩埋宠物的尸体，然后冲到宠物店再买一只回来。这是在贬低孩子的爱，就好像在对他说：“别难过，你对它的爱不重要。所有的仓鼠、狗、猫都是可以替代的，你无论爱哪一只都一样。”如果所有的心爱之物都能轻而易举地被替换，孩子又能从中学到什么呢？只有当孩子停止悲痛，并且准备好接受新的宠物时，才可以用新的宠物替换死去的。

不要阻断孩子的负面感受

我曾认识一个小男孩，他在面对失去和与所爱的人分离时不会哭，而且表现出一种不可思议的冷漠，但他在这种时候往往会出现过敏症状。他常常和我说起他的外公，他深爱的外公在他 5 岁时去世了。他能回忆起关于外公的很多事情，在谈起外公时也非常有感情，但他却对外公去世前后那两年没有任何记忆，对外公的去世也没有任何情感反应。然而，外公去世这个巨大不幸让这个孩子的家庭充满了极度的悲痛。为什么这个孩子什么都不记得了呢？为什么他对外公的去世或与所爱之人的分离没有情感反应呢？导致这一切的原因很复杂，但其中一个非常重要的原因是孩子的母亲在外公去世时的反应。母亲悲痛欲绝，但她决定不在孩子面前表现自己的难过："这会让孩子们更难受。"她像一位女英雄那样克制自己的感情，在孩子们面前表现得跟平常一样。掌握了这些情况，我就理解了我的小患者。他并非冷漠，而是对母亲在外公去世时的做法的认同。由于母亲不允许自己释放悲痛，所以孩子就把悲痛当作一种不被允许的情感。孩子那被压抑的想哭的渴望只能通过过敏时的哭泣来得到满足。如果当时孩子能以某种方式分担母亲的悲痛，那么，深爱的外公去世给他带来的哀痛，就能帮助他克服外公去世给他造成的打击。

很多时候，我们在不知不觉中阻断了孩子的感受，因为这些感受对我们来说很痛苦。

我想起了 6 岁的道格，他每天晚上都做很可怕的噩梦，还会尿床，但在白天却是一个活泼、快乐的小男孩。他坚决说自己在白天什么都不怕，从来没有想到过恐怖的事情。事实证明，他说的是实话。其他孩子都痛恨牙医在自己的牙齿上钻孔，但道格不怕，还喜欢这事。怎么会这样呢？"我总能在那之后得到一个巧克力圣代冰激凌。""尽管如此，钻牙还是很疼的，道格，难道你不害怕吗？""哦，不。我从来不去想会有多么疼，我只想着巧克力圣代冰激凌。"其他孩子可能会为切除阑尾感到害怕，但道格不。"我只想着住院时能得到的各种礼物。"在我和他聊天时，无论我们提到什么不愉快的事，他都会自动把话题转移到让他高兴的事情上，比如，说他明天要参加的棒球赛、下周六的生日宴会或者他刚刚收到的电动火车。有一次，他做了一个特别可怕的噩梦，半夜睡不着。当我早上去看他时，他怎么也不愿意谈那个噩梦，而是花了大半个小时跟我说他的新自行车。

如果道格能够在看牙医、做阑尾炎手术和其他不愉快的事情发生之前，就能为这些事情感到担忧，他就不会反复做噩梦了。由于某种原因，道格没有形成可以帮助他面对危机的预期焦虑。而在噩梦中，他体验到了在白天被忽略的预期焦虑。我们了解到，他的父母从他小时候起帮助他处理危险的方式是导致道格以这种不同寻常的方式处理焦虑的一个重要的决定因素。

他们都是尽心尽责的好父母，道格是他们的第一个孩子。即便在道格还是个小婴儿的时候，他们就对道格表现出来的正常的苦恼、疼痛或焦虑非常不安。遇到这种情况，他们会迅速介入，逗他或者给他一个能立即安慰他的东西分散他的注意力。“宝宝，别哭。看看那只可爱的小鸟！”“这是爸爸的钥匙，拿去玩吧。”“来，给你饼干。”后来，父母用同样的原则处理道格的许多恐惧和他遇到的不愉快的事情。父母教育道格打针时不哭或一动不动，并许诺之后立即给他一些让他非常高兴的东西。这种教育的原则是“让我们别去想讨厌的打针”或者“让我们别去想爸爸妈妈去旅行时，我们会多么孤单，只去想他们带回来的礼物和惊喜吧”。

或许每个家长都会在某个时候用这种方法来帮助孩子处理不愉快的经历，但在道格父母这里，这种方法变成了一个被广泛使用的教育原则。他们为防止道格产生焦虑，介入得如此之快，以至于道格几乎没有机会自己去了解焦虑是怎么回事。他无法形成预期焦虑，为处理即将到来的“危险”做好准备。渐渐地，他学会了父母处理焦虑的方式，并让它也成了自己的方式。每当他意识到预期焦虑时，他便用愉快的想法来代替可怕的事情或“危险”。我不想把孩子夜惊的问题简单化，但导致道格出现障碍的重要因素之一，就是他不能为危险提前做好准备，他的这种能力不知不觉地被父母剥夺了。

表达愤怒也有限制

半个世纪以前，人们为孩子是否有权对父母和兄弟姐妹发怒而争论不休。最奇怪的是，就在我现在写孩子有感受的权利时，发现很难从我认识的孩子中找到一个不允许愤怒的例子。在所有人类情绪中，近年来敌意被单独选出来当作孩子的权利，而且几乎没有一个父母不赞同这一点。但有感受的“权利”并不等于给孩子颁发一个伤害别人的“许可证”。

孩子有权感到气愤，并表达自己的感受，但只能在有限范围内。应该允许一个孩子打他的父母吗？吉米因为生气打了他的父亲，父亲感到自己受够了，打发吉米回到他自己的房间里去。对这种情形，现在的父母可能会更加纵容。他们会说，毕竟这个孩子很难过，他失控了，这样做也许能让他摆脱许多压抑着的情绪，感觉会好很多。但是，我不认为吉米在打了父亲之后会感到轻松；相反，孩子打了父母之后会变得更加焦虑。我认为吉米的父亲很明智。他没有报复孩子的攻击行为，但他坚决叫停了这种行为，实际上他是在说：“我不许你这样做！”我不知道吉米的父亲是否知道自己为什么必须阻止这种行为，但他的本能反应是对的。因为，当孩子失去自我控制而打自己的父母时，他也会很害怕地发现自己无法控制住自己的攻击性，父母阻止他的行为会让他感到如释重负。

让我们来考虑一下家庭中父母对孩子表达自己愤怒的其他限制吧。如果我们有很好的理由禁止孩子打父母，那么该怎样处理孩子对父母的出言不逊呢？我们应该允许孩子辱骂父母和说粗话吗？我无法想象允许孩子毫无约束地进行语言攻击会有利于他的心理健康。这与打父母的情况很类似，那些被允许对父母进行语言攻击的孩子就像被允许打父母的孩子一样，会受到其行为结果的折磨。当然，我们不需要让孩子觉得自己是一个十恶不赦的罪人，会因为辱骂父母而遭天谴，只要叫停这种行为就足够了：“够了。我不想再听你说这样的话。你完全失控了，我不喜欢这样。等你平静之后，我们俩再来讨论这件事。”我们可以允许孩子表达愤怒，但绝不能允许他粗野地骂人。如果孩子失去了控制，父母必须让他知道，这事他做过头了，这种行为是不被允许的。

“同胞竞争”被视为现在的孩子的另一项权利，有时候，同胞之间的敌意会被允许达到很残忍的地步。许多父母认为，兄弟姐妹之间的身体攻击是家庭生活里的正常现象，他们可能会宽容地说：“只要他们不想杀掉对方就行。”然而，我想不出学龄儿童还有什么理由要用丛林法则来解决分歧，即便是幼儿园的孩子，我们也应该开始教育他们不要再进行身体攻击。据我所知，在有些家庭里，10 岁的男孩和女孩还在继续从小宝宝出生那一天起就开始的战争。这些大孩子的争吵就像学步儿，哭、尖叫、跺脚、给对方一巴掌，一场你死我活的战斗就这样开始了。

为什么在幼儿园阶段的竞争，到了八九岁甚至年龄更大的时候还一点没变呢？是因为嫉妒心更强了，还是因为从来没有人要求过这些孩子去寻找其他方法来解决这种竞争？我猜测，原因多半是后者。我们很熟悉这一幕：在两个大孩子抢椅子时，父母像法官一样一本正经地主持公道，严肃地听双方陈述理由，冷静判断之后将坐这把椅子的权利授予争执中的某一方。接着，输了官司的那一方拒绝执行法庭的判决，责备父母不爱自己只爱妹妹，这样一来父母不得不为自己的爱做一番辩护，于是又重新开始争吵和互相指责。或许父母把整件事情当作胡闹，并用处理孩子胡闹的方式来对待它更为恰当。

另一方面，父母在很多时候并不干涉、阻止孩子们用语言或者其他更残忍的方式彼此伤害。孩子们展开残酷的谩骂，想方设法地互相折磨和彼此伤害。如果我们对此充耳不闻，就无法帮一方克服另一方对他的攻击情绪，相当于是在允许一方伤害另一方的人格发展。

我认为，**一旦孩子们之间的竞争超出了边界，变成身体或语言攻击，我们就必须加以限制，我们的原则应该是：不管什么原因让孩子们觉得不舒服，他们都必须找到文明的解决办法。**

对于同胞竞争来说，什么是健康、合理的解决办法呢？并非所有的兄弟姐妹一辈子都在互相竞争。他们中的很多人会与兄弟姐妹发展出强烈、持久的爱，这份爱会战胜竞争。在成长过程中，大家必须接受这样一个事实：自己不可能独享父母的宠爱。在接受了这一点之后，敌意就会消除，这些被父母同样深爱着的竞争对手们发现，彼此因为共同拥有父母的爱而密切相连。这一点对父母处理同胞竞争的意义显而易见，这意味着，我们要教育孩子接受不可能独享父母的爱这一事实，不用任何方式鼓励同胞竞争，不要觉得孩子之间的嫉妒很好玩，是在奉承我们。

所有这些，最终让我们开始思考儿童情感发展的另一些“权利”。这些权利与爱和对爱的评价有关。每个孩子都有权要求获得父母的爱，但是，如果要让一个孩子学会爱，并且是像成年人那样有能力成熟地去爱，父母们必须把自己对孩子的爱告诉他们，父母们也应该要求得到孩子的爱！那些深爱着孩子却不求任何回报的父母，可能比较适合当圣人，但不是合格的父母。因为，一个要求得到爱但却不履行任何爱的义务的孩子，会成为一个以自我为中心的孩子。许多这样的孩子长大后，因为他们所期望的无条件的爱得不到满足，于是成了任性的情人和郁郁寡欢的婚姻伴侣。“我知道我很自私、脾气很坏、喜怒无常、花钱无度，可是尽管我有这些毛病，你也应该爱我啊！”这些被宠坏了的孩子在结婚后彼此都这么说。他们相信无论如何自己都有权利得到爱，但他们不会改变自己来让自己值得别人爱，反而是换一个伴侣并且重新要求无条件的爱。把这种反复无常的恋人当作无可救药的浪漫主义者是一种错误。他们实际上只爱自己，在这种自恋中，即便是他们最让人讨厌的品质也应该被接受和原谅；他们想寻找的是那种能够爱他们就像他们爱自己一样的伴侣。从这些情况我们可以得出如下结论：父母对孩子的爱的教育有些误入歧途，这是一些从来没有放弃过早年自恋的孩子。

即使是小孩子，也要承担起爱的义务。爱是被给予的，但也是赢得的。在成长中的每一步，孩子都不得不缩小自恋的范围以赢得父母的爱和赞同。要能舍弃许多自私自利的愿望，孩子必须更加看重父母的爱。父母不仅需要把自己的爱看作是一种“权利”，还要将它视为能促使孩子改变自己的强大动力。

爸爸妈妈注意啦！

- 因为做错事而感到内疚对于孩子学会自我控制必不可少。之后，内疚感会成为一种警报信号，当孩子再次出现淘气的冲动时，他自己就能发出这种信号。
- 那些想尽办法激怒父母来打自己的孩子，是想通过挨打把做错事后的内疚感一笔勾销，此后继续心安理得地做父母不允许他做的事。对这样的孩子恰恰不能打！
- 如果父母发现自己在管教孩子时简直是束手无策，那么最好坐下来想一想什么地方出了差错，是什么在破坏亲子关系。

THE

Magic Years

第五幕

很久很久以后

孩子未来的人格发展

THE
Magic Years
09

父母的爱无可替代

没有人可以预测未来

许多年前，曾有个 6 岁的小女孩在我这里接受心理治疗，开始她完全不知道面前的这位女士会怎么治好她的恐惧症，因此，她满怀信心地等着我给她带来奇迹。她很快就告诉好朋友们，她到一个能解决她问题的算命女郎那里去了。她的声望是如此之高，以至于其他小女孩都求父母同意她们去找这个算命女郎。这一口头广告让我在那一年的万圣节忙得不可开交。

我设法向我的小患者澄清了这一误会，她很失望，但仍然对我忠心耿耿。几个月后，我找了一个机会问她："你仍然认为我是个算命的吗？""不，"她悲哀地说，"我现在明白了，你会算过去，但不会预测未来。"

她说得非常正确。精神分析让我们能够重建一个孩子的过去，根据这些历史研究孩子的人格，并且可以说"这个孩子的人格就是这样形成的，这就是为什么他现在是这样的情况"。但是，不管是精神分析还是其他心理学流派，都无法预测人的发展，不能说"根据这些资料，以及我们对 3 岁、6 岁或 15 岁孩子发展的了解，我们就可以预测他的今后将如何发展"。

我们对儿童发展的讨论已经进行到了6岁，发现自己陷入一种荒谬的状况：在写最后一章的时候，讨论才刚刚开始。因为孩子的发展并不会停留在6岁，他的人格还没有以一种永久的形式固定下来。只对孩子0～6岁的人格发展进行讨论，很容易让人误以为在这6年中形成的人格是不可逆转的。实际上，的确有一个很常见的误解，也就是人们常说的"三岁看老"。这种观念认为童年早期经历决定一个人的命运，人格会转化为固定的行为模式，此后，除了精神分析之外，没有什么能够改变童年早期的影响。但是，一个孩子的命运不是在哺乳期决定的，也不是在儿童坐便器上决定的，更不是由弟弟妹妹的出生、扁桃体手术或鹦鹉的死亡决定的。如果我们用宿命论的观点，僵化地理解徘徊在婴儿摇篮边的那个古怪的三岁姐姐的话，就无法提高我们对人格发展的认识。这种武断的认识源于对精神分析理论的误解。尽管童年早期经历为人格发展奠定了基础，但我们并没有办法预测这些经历会如何影响人格的发展。实际上在每个孩子的人格发展过程中，适应机制很早就开始起作用了，它用独一无二的方式对孩子的经历产生影响，人格最终会发展成什么样取决于自我和适应机制，而不是经历本身。

所以，我们无法预测孩子的未来。如今，心理学实验室里许多富有奉献精神的科学家们深受人格不确定性的折磨，他们要测量、计算这些无法计算的东西。但是，即便在完成了全部的测量和计算之后，他们也不知道在一个孩子身上是否有哪个特征会成为其人格结构的一部分，或者它在之后的发展中是否会发生变化。对于一个4岁的孩子来说，类似于攻击性过强这样的特质会永久存在于他的人格结构之中，还是会在两年后发生逆转，朝着温顺的方向发展？它会导致严重的行为障碍，还是会通过升华被成功地控制住？没有哪种数学计算能给出答案，电脑也无法整合一个孩子过去几年简短的发展史和未来发展的无穷变量，从而得出一个可靠的预测。

"可是等一下！"有些人一定在想，"难道你们这些人在临床实践中就没有预测什么吗？当你对一个有心理障碍的孩子做出诊断，并建议采取某种恰当的治疗方案时，你们难道不是在根据'如果这孩子不接受治疗，他的心理障碍将妨碍他今后的发展，情况会变得越来越糟糕，也不大可能会自动痊愈’来进行某种预测吗？你怎么会知道这些呢？”

没错，我们在临床治疗中的确会做某种预测。而且，优秀的临床心理医生针对情绪发展障碍所做的预测比对正常人格发展所做的预测要可靠得多。其原因在于：严重的神经症使人格僵化，导致人们常常做出与客观环境无关或者不随客观环境而变化的僵化反应。这种严重的情感障碍会导致自我无法调动适应机制，不能找到能成功解决冲突的新办法。那么，很明显，如果我们面对的人格丧失了适应性，它在处理各种外部事件时都只能采用固定的行为模式，我们就可以很准确地预测受制于其障碍的功能。

如果我们把这种状况与那些正常发展的儿童的情况做一个对比，就可以明白为什么很难对人格发展做出预测。即使正患有情感障碍，正常的孩子也有能力去适应环境和改变自己。在整个童年期，他的人格一直在不断地改变（在之后走向成熟的过程中也是如此，直到成熟之后，人格发展的主要方面才会固定下来）。只要自我能保持灵活性，不局限于僵化的行为模式，我们便永远无法准确地预测未来事件对人格的影响。

在临床治疗中，我们非常善于发现孩子出现了哪些发展问题。我们能够把孩子过去的生活经历拼在一起，从中确定哪些事或父母的哪种态度导致孩子出现了情感障碍。但如果要让我们重现没有情感障碍的孩子的过去，我们根本无法如此得心应手。因为没有心理疾病的孩子不会到我们这里来接受治疗，我们也就不可能详细分析这些孩子的人生故事。直到最近几年，精神分析专家才开始通过对非临床案例的观察来研究儿童的发展，对那些被认为是正常的儿童进行从婴儿期到成年期的纵向追踪。收集和整理这些资料，需要若干年的时间。同时，对于儿童发展中某些最令人困惑的问题，我们仍然没有找到答案。比如，我们还不知道，为什么一个有着某些被我们视为致病性经历的孩子，会像我们预料的那样患上神经症，而另一个孩子却能克服这些经历对其人格发展的严重影响，或者说这些事情根本没有给他的人格发展带来影响。我们只能思考我们所了解的，进行大量的、零散的观察，但是，我们对负责有效解决问题的人格机制的观察，并不像我们对人体应对疾病的生理机制的观察那样细致。

许多年以前，在一个儿童发展障碍诊所里，同事们在一起讨论一个名叫埃迪的 10 岁男孩的案例，他因为旷课被学校送来了这里。虽然他经常逃课，但学习成绩却能至少保持在中等水平。他对老师和同学很友好，行为举止也很得体。但他为什么要逃学呢？他告诉我们，他的父亲时不时喝醉酒，他不得不留在家里照顾父亲。由于没钱买吃的，他必须到邻居家打一段时间零工，直到父亲能回去工作。当父亲能再去工作时，埃迪就会回学校去上学。

埃迪的父亲是个残暴的酒鬼，两年前，他的母亲被送进了一家智力障碍患者服务机构。埃迪的两个哥哥和一个姐姐也因为智力低下而被送到了智障儿童收容所里。这个家庭里另外 4 个较大的孩子现在已到了能够照顾自己的年龄，但他们在童年时便在警察局留有案底。埃迪是家里最小的孩子，也是唯一一个还住在家里的孩子。埃迪的智力最起码可以达到正常水平，在学校里成绩也不错，从来没有过违纪行为，只是看上去有一点点肥胖。这个在如此堕落和没有希望的家庭环境下长大的孩子，在 10 岁时却没有出现比有点肥胖趋势更糟糕的问题。

这个孩子是怎么生存下来的？在这个病态家庭里，孩子会一个接一个地受到家庭的不良影响，这一点儿也不奇怪，但你怎么解释埃迪呢？他的智商更高？好吧，这可能是原因之一，但这并不能抵消家庭对他的忽视。“一个强大的自我。”我们含含糊糊地说出这种陈词滥调，因为“强大的自我”并不是上天的恩赐。经验证明，能够承受超乎寻常压力的自我源于精心养育。无论一个婴儿的天生资质有多好，如果被忽视或缺乏与人的情感联系，都很难存活。

我们不得不假设，在这个由智力缺陷、低能儿和病人组成的家庭里，有个人给了埃迪足够的甚至相当多的照顾和关爱。可这是谁呢？埃迪提到母亲时饱含深情，但我们不知道怎样去评估他与母亲之间的感情。每当我们想到这位被智力障碍患者服务机构收容的母亲时，我们便想起这个家庭里这位明显不称职的母亲所养育的其他 7 个孩子——智力缺陷、少年犯、无药可救的低能儿，我们无法想象她怎么能做好埃迪的母亲。那么，是父亲在照料埃迪吗？不，这甚至是一个更不可能的假设。我们对父亲的了解比对母亲的了解要多。父亲是一个残暴、沉默寡言、冷漠和无知的人，他好像与任何一个孩子都没有亲情，甚至没有任何联系。他用一种简单的、原始的方式依赖他的妻子照顾。埃迪从不要求从父亲那里得到爱，当父亲喝醉时，埃迪照顾他，给他找吃的，做着母亲当年在家时为父亲做的一切。但这并不是说埃迪对父亲有很强烈的依恋，对于埃迪来说，对父亲的这种关心似乎更与母亲有关，因为埃迪对待父亲就像母亲对待父亲那样。

这太令人难以置信了，但我们不得不相信，这位可怜的智障母亲抚养了 7 个有问题的孩子，也抚养了一个在 10 岁时就拥有了某些令人钦佩的品质的孩子。我们可能永远都无法了解，他的母亲是怎么做到这一切的，但毫无疑问，埃迪肯定得到了母亲很好的照料，他是家里的宝贝。有没有这样一种可能，这位能力有限、自从生了第一个孩子后每年都在怀孕的母亲发现，做母亲实在是件让人十分苦恼、又很费力的事情，由于再没有新生的孩子来消耗她有限的精力，因此她能比较成功地抚养最后一个孩子呢？或者是埃迪身心的天赋比其他孩子都要好，因此他比其他孩子的反应性更强、更让人满意？肯定是某些我们不知道的原因使埃迪获得了母亲特别的关爱。即便是一个智力低下的母亲也拥有爱的能力，如果生活不是如此混乱，有那么多让人操劳的孩子和艰难，这样一个女人也能成为一位好母亲。

我们无法确切地知道为什么埃迪成长得这么好，但我们知道为什么这个家庭里另外 7 个孩子情况如此糟糕。如果这 7 个孩子中的任何一个在童年早期到我们诊所来，我们都可能会预测出他们会有违法行为，但如果我们在埃迪幼年的时候认识他，可能就想不到他将来能形成稳定的心理结构。如果我们在埃迪 4 岁时认识他，我们或许会这样说："这孩子智力一般，但表现出很强的自我发展意识，这或许能帮助他克服家庭和社会上某些难以逾越的阻碍，但只要他继续留在这个病态的家庭里，那么他正常发展的可能性就会很小。"我们可以根据我们称之为"强大的自我"以及它所包含的那些东西，很好地预测心理健康的埃迪的未来，但即便是一个"强大的自我"，如果它长期承受过多的压力，我们就无法预测它是否能保持完好，尤其是在童年时期。

所有这一切证明了，那位发现我们无法"预测今后命运"的 7 岁小患者是多么有智慧。用历史记录来做预测其实无异于其他的先知，你们一定很吃惊，我们竟然如此大胆地说埃迪肯定得到过母亲的悉心照料。我们怎么能如此肯定呢？既然这个孩子过去的经历，还有许多是我们不曾了解的，我们凭什么要求你相信我们"对过去的预测"呢？

我们是这样知道的：无论一个孩子出生时的心智禀赋多么卓越，如果得不到母亲的精心养育，缺乏强烈而且有意义的情感联结，孩子人格的某些方面就无法得到良好的发展。埃迪在 10 岁时可以与他人建立良好的关系；不管现实有多么残酷，他都努力去面对；他在学校的学习令人满意；他有足够强大的良知，能够抵抗来自家庭和社会最不寻常的诱惑，这些就是埃迪得到过母亲精心照料的证明。

"但你怎么证明这一点呢？"有读者可能会表示反对，"你怎么知道埃迪不是一个非同一般的人呢？他可能拥有能让他战胜逆境的强大动力？毕竟，你根本没有办法用实验来证明这些假设。"但的确有实验可以证明这一点，这就是下面我们要讨论的内容。

那些生活在孤儿院的孩子

没有哪个疯子为了研究缺乏亲子联结对儿童人格发展的影响，做剥夺婴幼儿亲子联结的实验。但人类的错误和灾难是进行这种研究的可怕的实验室。

在缺少人情味的托儿所里被抚养的弃婴，被送来送去没人要的婴幼儿，以及因为战争、暴政、暴行而失去母亲、在收容所里生活的孩子——所有这些都给我们提供了证据。尽管很多这类机构都能满足婴儿的生理需要，但大多数都存在以下不足：若干名工作人员照顾和监护许多名婴儿和幼儿，因此无法创造条件让孩子和大人之间建立依恋关系，而且孩子与工作人员之间的关系脆弱、不稳定，而且易变。

就像营养不良会影响孩子身体发育一样，在这种条件下度过婴儿期和性格形成时期的孩子会表现出一些人格缺陷。这些从来没有体验过爱、缺乏归属感的孩子，这些在满足食物和生存这些最为原始的基本需求之外，从来没有依恋过任何人的孩子，长大以后无法与其他人建立情感联结，无法深爱他人，无法有深刻的感受，无法体验同情、悲伤或羞耻这些组成人格的重要情感。

他们智力的发展也非常缓慢，以爬行的速度学会那些在正常家庭中生活的孩子飞奔着学会的东西。他们对自己周围事物产生兴趣的过程很缓慢，就好像他们自身之外的世界几乎不存在一样。他们迟钝、冷漠，并非因为他们生而有缺陷，而是因为在这个世界上，没有人为他们提供超出满足生理需要之外的乐趣。他们很迟才能学会说话，迟到可怕。当然，在正常家庭中偶尔也会有非常聪明的孩子说话比较迟，但整体而言，没有形成依恋的孩子一向比正常孩子学会说话的时间晚。如果这些孩子在性格形成期还待在收容所，被剥夺的与人之间的情感联结一直无法从收容所的工作人员那里得到补偿，那么他们的语言发展便会一直迟缓。他们无法用语言与别人进行有效的交流，就像婴儿语言发展的早期阶段那样，他们说出的话是个人化的，别人完全无法理解。这是一种在缺乏亲密关系情况下获得的语言，整个语句的结构断裂、意义不确定、含糊不清，正如他们所处的没有情感联结的世界。之后，在所有依赖语言的领域，他们的学习都会受到严重阻碍。总的来说，他们的智力发育迟缓，只能通过心理测试来评估他们的智力水平。

这些没有形成依恋的孩子，自我认同感和“自我”意识方面的形成也比

较迟缓。“我”这个字及其概念，出现在他们的语言中的时间也要晚于在正常家庭中长大的孩子，并且“我”这个字保留着模糊、不确定的特点，偏离了两岁孩子的正常发展状况，有时候，甚至是永久性的。为什么这一点很重要呢？因为，“我”是整合孩子人格发展的关键因素。自我认同是指把对自我以及对自己身体、想法、主观反应的感觉区别于他人和外界物体。这种感觉并非生而就有。一般来说，孩子要到两岁半才能学会使用“我”这个字并理解它的意思。“我”这个字出现会极大地提升孩子的现实感，他将能够区分自我与非自我、内在与外在、主观与客观，与之相对应的，从婴儿特有的魔法性思维也开始向高级心理过程特有的理性思维转变。

自我认同是通过与人的情感联结获得的。在孩子能够区分自我与外部世界之前，外部世界必须有一个代言人。如果在一个孩子的生活中，照料他的人不固定而且经常变换，他很难与周围的人形成稳定的关系，那么，他也就很难形成一个稳定的自我形象。而且，由于孩子所面对的第一个“现实”无法满足他，相应地孩子的现实感就会比较差，即孩子会难以区分内在与外在、主观状态和客观状况。这并不是说他有心理疾病，而是说孩子的人格很有可能被扭曲，对自己周围的客观世界的认识，以及对自己所居住的生活环境形成合乎逻辑、条理分明的看法的过程都很缓慢。在今后的生活中，他们有很大的可能出现心理障碍。

能够控制冲动和战胜生理欲望是人类最杰出的成就之一。我们从没有形成依恋的孩子的身上可以知道，这些成就依赖于孩子与教育者建立情感联结的每一步。如果孩子与教育者之间的情感联结不稳定并且经常变化，就像我们所描述的收容机构里的情况那样，那么哪怕是最基本的自我控制，孩子也很难学会；如果孩子完全是在这样的环境下学会了这些自我控制，那么即便到了童年晚期，这些控制也很难变得稳定，无法以良知的形式嵌入或整合到人格中。

那些生活在环境恶劣的收容机构里的缺少依恋和被忽视的孩子也很难学会控制冲动，尤其是控制攻击冲动。因为，孩子一般是通过对父母的依恋、想取悦父母以及试图效仿父母来学会控制冲动。缺乏与他人强烈的情感联结，孩子就找不到自己控制冲动的积极动机。收容机构不得不像父母或父母的代言人那样，教孩子学习自我控制和约束自己的攻击行为，但由于教育者和孩子之间不存在爱的联结，在孩子学会控制的背后，通常有可怕的一面。孩子通过对权威的恐惧和服从（或者是由于儿童团体的压迫）学会自我控制；它基于生存的需要，而且就像所有纯粹基于恐惧的控制一样，要么把人贬低为一个无助的奴隶，要么让人表面顺从而内心狂暴，其人格中可能会产生极端和无法预料的暴力。可能许多收容机构，对待孩子并不残酷，但是，缺乏与人的积极情感联结会让孩子变得残酷无情，就好像虐待狂一再去施虐一样。

我们用收容机构这个让人心寒的例子，通过养育中的过失行为研究了情感剥夺对人的发展的影响。毫无疑问，在自己家中成长的孩子也可能由于父母患有严重的心理或情感障碍而被剥夺了与人之间的情感联结。这些孩子可能会像很多寄养家庭的孩子一样，不断地经历家人和家庭的变化，以至于无法形成积极的情感联结。这种情况对人格发展所造成的影响，可能与我们在冷漠的收容机构里观察到的非常相似。

“你说的这些让人印象深刻，”有人说，“但你所描述的是糟糕的收容机构和病态的家庭。如果这些收容机构遵循心理健康的原则，雇用经过专业训练的工作人员，为这些孩子提供亲密的情感联结，他们肯定会像那些在自己的家庭长大的孩子那样健康发展，甚至会发展得更好，因为这些孩子有专业人员为他们提供最好的现代科学养育方式。应该做一个这样的实验！”

我们的确也做过这样的实验，灾难为研究人性提供了各种各样的实验室。也有一些模范儿童福利院，下面我将以汉普斯特托儿所作为其中的一个例子，加以介绍。

模范托儿所的经验教训

英国的汉普斯特托儿所建于第二次世界大战时期，这家托儿所是为了照料失去父母，或者因为其他原因而不能在家中抚养的孩子而设立的。托儿所的院长是两位世界著名的儿童心理分析专家——安娜·弗洛伊德和多萝西·伯林厄姆。托儿所的保育人员都是经由专业的督导，从儿童工作者中精心挑选出来的。托儿所的管理规定和执行办法都是根据当时最先进的儿童发展与儿童心理学理论制定的。托儿所在充分理解情感联结对人格发展的影响的基础之上，培养孩子们与工作人员之间的情感联结。

那么，这些孩子们发展得顺利吗？总的来看，汉普斯特托儿所的计划消除了一般收容机构里的那些不良影响。显然，这些孩子比其他收容机构里那些没有形成依恋的孩子要发展得好一些。但在某些非常重要的发展领域，条件如此之好的托儿所养育的这些孩子并没有像在家庭中养育的普通孩子发展得那么好！

比如，语言能力。汉普斯特托儿所里两岁孩子的语言测试平均结果，要比家庭中抚养的孩子落后六个月。这里的小孩子也更难控制自己的攻击冲动。他们很晚才完成如厕训练，与在家中对孩子进行如厕训练相比，工作人员更难获得孩子的配合。总之，尽管实际上托儿所在积极地促进孩子与大人之间的情感联结，但在那些依赖于孩子对父母或替代父母的强烈情感联结的发展领域，汉普斯特托儿所的这些孩子仍然发展迟缓！

后来，当汉普斯特托儿所把婴儿和学步儿组成小家庭，由一两个大人专职担任这个小家庭的“父母”时，这些孩子的发展状况有所改善。但是，人为组成的家庭不是真正的家庭，从质量上来讲，保育员为了工资对孩子的呵护与疼爱完全无法等同于通过深切、永恒的爱的纽带与孩子紧密相连的父母的呵护与疼爱。托儿所的保育员无法与从来不是自己的，而且始终是别人的孩子永远在一起。保育员也不可避免地会离开托儿所，再由另一个保育员来代替她，即便是在模范托儿所，孩子也很少会有一个长久不变的替代母亲。

最后一个关键点是，保育员不可能代替父亲，这样，许多围绕着父母以及与家庭的永久联结的人类情感也是被切断的。此外，由于孩子对父母的认同是孩子形成性别角色和稳定的价值观与模范行为的基础，因此，人为组成的家庭抚养的孩子更难以形成稳定、健全的性格。

从汉普斯特托儿所我们可以得出令人印象深刻的结论：我们有这样一家儿童机构，它可以把专业技能和才智运用到对儿童的养育之中，但在评估它的育儿成绩时，它谦逊地让位给普通家庭。世界上所有的育儿智慧，其本身都无法代替人类亲密的情感联结，也就是家庭关系，它是人类发展的核心。对此，我们不应该感到吃惊，管理汉普斯特托儿所的两位著名儿童心理分析师也不应该为之惊讶。因为在她们接管这家托儿所之前，家庭关系对儿童健康发展的重要性原本就是她们的研究课题中必不可少的一部分。这些比较不应该导致错误的结论，也不应该把它们视为对儿童心理学的贬低，而应该被看作是对家庭的赞赏，这是所有对心理学进行科学思考的出发点。

爸爸妈妈注意啦！

- 尽管童年早期经历为人格发展奠定了基础，但我们并没有办法预测这些经历会如何影响人格的发展。
- 无论一个孩子出生时的心智禀赋多么卓越，如果得不到母亲的精心养育，缺乏强烈而且有意义的情感联结，孩子人格的某些方面就无法得到良好的发展。
- 世界上所有的育儿智慧，其本身都无法代替人类亲密的情感联结，也就是家庭关系，它是人类发展的核心。

重回失落的童年

在看到这本书时，塞尔玛笔下的第一个故事立刻抓住了我的心弦。为人父母，谁不是“怀着这个世界上最美好的愿望”，盼着孩子健康快乐地成长？当时我想不管是否能通过试译，我也要读完这本书。

很难想象这本书写于半个多世纪以前。塞尔玛开创性的观点和见解，现在读来，依然能带来很多启发。她用风趣的语言将原本枯燥的儿童早期的发展理论娓娓道来，揭示了许多教育的迷思。在这本书中，许多父母非常关心的问题得到了解答，比如：到底是“按时喂养”还是“按需喂养”？孩子晚上总是醒来怎么办？孩子总是乱摸乱跑怎么办？孩子到底在怕什么？什么时候以及怎样训练孩子大小便？怎么对孩子进行性教育？要不要管教孩子以及怎么管教孩子？这些知识非常实用，能指导父母处理棘手的情况，帮助孩子解决各个发展阶段会遇到的典型问题。

塞尔玛和“她”笔下的孩子们，为我们演绎了许多充满童趣的剧目。借此，塞尔玛提醒我们，在养育孩子这件事上，没有万能处方。唯有理解自己的孩子，才能让养育更轻松；唯有爱的教育，才能让孩子长大成人。非常感谢塞尔玛明确地告诉我们，并非对惩罚的恐惧，而是对父母的爱的渴望，才促使孩子主动放弃追逐快乐的本能，自我约束，从而迈向文明。希望看到这本书的父母，能因此减少对孩子不合理的惩罚以及体罚。

这不仅仅是一本育儿书籍，并非只适合于父母阅读。童年是深藏在我们心中的神秘之地，可望而不可即，借助塞尔玛的这本书，我们有幸能和孩子一起回到记忆开始的地方。

塞尔玛的原著幽默风趣，我虽已尽力呈现，但并不能尽善尽美，恳请读者朋友不吝赐教，在此表示衷心的感谢。

特别感谢我的老师中国科学院心理研究所陈祉妍教授，她给予我极为重要的支持与鼓励。我能有机会翻译这本书，正是得益于她的培养与推荐。作为译稿的第一位读者，她不仅从心理学的角度，也从文法的角度，为我提供了许多专业、细致的帮助和修改建议。我的同事段青，从一位母亲的角度阅读了译稿，也提出了许多宝贵的修改意见。感谢我的朋友章婕和张真，与她们富有成效的探讨，帮助我更准确地理解了塞尔玛的观点。

最后还要感谢我的先生李浩，在我翻译这本书的过程中，他几乎承担了所有晚间和周末照料孩子的工作。感谢我的孩子，想要理解他的魔法世界，是我翻译这本书的动力之源；感谢他的信任，愿意带着我一起走过他的魔法世界。

未来，属于终身学习者

我们正在亲历前所未有的变革——互联网改变了信息传递的方式，指数级技术快速发展并颠覆商业世界，人工智能正在侵占越来越多的人类领地。

面对这些变化，我们需要问自己：未来需要什么样的人才？

答案是，成为终身学习者。终身学习意味着永不停歇地追求全面的知识结构、强大的逻辑思考能力和敏锐的感知力。这是一种能够在不断变化中随时重建、更新认知体系的能力。阅读，无疑是帮助我们提高这种能力的最佳途径。

在充满不确定性的时代，答案并不总是简单地出现在书本之中。“读万卷书”不仅要亲自阅读、广泛阅读，也需要我们深入探索好书的内部世界，让知识不再局限于书本之中。

湛庐阅读 App：与最聪明的人共同进化

我们现在推出全新的湛庐阅读 App，它将成为您在书本之外，践行终身学习的场所。

- 不用考虑“读什么”。这里汇集了湛庐所有纸质书、电子书、有声书和各种阅读服务。
- 可以学习“怎么读”。我们提供包括课程、精读班和讲书在内的全方位阅读解决方案。
- 谁来领读？您能最先了解到作者、译者、专家等大咖的前沿洞见，他们是高质量思想的源泉。
- 与谁共读？您将加入优秀的读者和终身学习者的行列，他们对阅读和学习具有持久的热情和源源不断的动力。

在湛庐阅读 App 首页，编辑为您精选了经典书目和优质音视频内容，每天早、中、晚更新，满足您不间断的阅读需求。

【特别专题】【主题书单】【人物特写】等原创专栏，提供专业、深度的解读和选书参考，回应社会议题，是您了解湛庐近千位重要作者思想的独家渠道。

在每本图书的详情页，您将通过深度导读栏目【专家视点】【深度访谈】和【书评】读懂、读透一本好书。

通过这个不设限的学习平台，您在任何时间、任何地点都能获得有价值的思想，并通过阅读实现终身学习。我们邀您共建一个与最聪明的人共同进化的社区，使其成为先进思想交汇的聚集地，这正是我们的使命和价值所在。

浙江省版权局图字：11-2023-337

图书在版编目（CIP）数据

魔法岁月 /（美）塞尔玛·弗雷伯格著；江兰译
.—杭州：浙江科学技术出版社，2024.1
ISBN 978-7-5739-1000-4

Ⅰ.①魔…　Ⅱ.①塞…②江…　Ⅲ.①儿童心理学
Ⅳ.①B844.1

中国国家版本馆 CIP 数据核字（2023）第 239471 号

书　　名　魔法岁月
著　　者　［美］塞尔玛·弗雷伯格
译　　者　江兰

出版发行　浙江科学技术出版社
地址：杭州市体育场路347号　邮政编码：310006
办公室电话：0571-85176593
销售部电话：0571-85062597
E-mail:zkpress@zkpress.com
印　　刷　唐山富达印务有限公司

开　本	710mm×965mm　1/16	印　张	15.5
字　数	258千字	插　页	2
版　次	2024年1月第1版	印　次	2024年1月第1次印刷
书　号	ISBN 978-7-5739-1000-4	定　价	89.90元

责任编辑　陈　岚　　责任美编　金　晖
责任校对　张　宁　　责任印务　田　文